U0942033

蔬菜图说 辣椒的故事

丁洁 著

A series of books on vegetables: The story of pepper

上海科学技术出版社

图书在版编目(CIP)数据

蔬菜图说：辣椒的故事/丁洁著. —上海：上海科学技术出版社，2018.9

ISBN 978-7-5478-4028-3

Ⅰ.①蔬… Ⅱ.①丁… Ⅲ.①辣椒–蔬菜园艺–图解 Ⅳ.①S641.3-64

中国版本图书馆CIP数据核字（2018）第108268号

蔬菜图说　辣椒的故事

丁　洁　著

上海世纪出版(集团)有限公司
上 海 科 学 技 术 出 版 社　出版、发行

(上海钦州南路71号　邮政编码200235　www. sstp. cn)

上海盛通时代印刷有限公司印刷

开本　889×1194　1/32　印张　8.5

字数　180千字

2018年9月第1版　2018年9月第1次印刷

ISBN 978-7-5478- 4028-3/N · 147

定价：59.90元

推荐序一

当我看完这本书的时候，心里瞬间感到一阵热辣，一部分来自辣椒，另一部分来自作者。

中国拥有悠久的农耕文明，农业人口众多，耕地面积较大，称得上是农业大国了。农业强不强、农村美不美、农民富不富，决定着亿万农民的获得感和幸福感,决定着我国全面小康社会的成色和社会主义现代化的质量。如今,在加快推进农业农村现代化的时候，年轻一代的兴趣随着时代的变迁而发生转变，农业的传承后继乏人，处于失传的边缘。然而，看到这样的书，内心多了一份欣慰。本书正是向新时代的年轻人普及农业知识、传播农耕文化，让更多的年轻人爱农业、懂技术，焕发现代农业新气象。

《蔬菜图说——辣椒的故事》，介绍了辣椒的历史、人文、分类、栽培、应用等方面，系统讲解了辣椒的相关故事。看得出，此书结合了作者5年的工作经验，并挖掘辣椒的各种有趣的故事。文中的插图和手绘图，让植物的科学知识使年轻读者更易阅读。这既是一本让普通读者对培养蔬菜植物产生浓郁兴趣，又是可以提供给农事人员的专业书籍。与传统的农业相比，现代的农业结合了先进的科学技术、装备设施、生产管理等，但作为主体的植物材料，新优品种的筛选和选育也是重要的环节之一。书中也反映了我国兼具食用与观赏的辣椒资源及品种有些匮乏，看到了与国外育种公司的差距。这时，辣椒资源收集与创新、选育辣椒品种等基础工作，就需要像作者一样的新一代年轻人来传承。

当然，希望作者再接再厉，将更多的蔬菜推而广之。

陈风学

中国野生动物保护协会会长

2018年8月

推荐序二

近日，同事丁洁给我看她关于辣椒的书稿，刚开始只是客气地随便翻翻，但不自觉地便被其中朴实平淡的语言、详实有趣的历史、全面而引人入胜的内容所吸引，认真地读完了全文。内心为丁洁踏实勤勉辛苦写作的精神所感动，因为我知道，她的专业功底并非特别深厚，且每天都得忙于具体的业务，能达到如此水平，应该是熬过了无数日日夜夜，查阅大量资料，经过多次慎重思考、精心归纳和严密组织材料，才能写出这样的专著，真心为她骄傲和自豪。也希望她的同事能和她一样，能够科学地进行专类收集，并注重对日常工作的总结提升，不断获得阶段性成果。

我们知道，辣椒仅仅是全球已知30多万种植物中的一个很小的类群，却深为全世界大众喜爱。至于辣椒的历史文化、种与品种的分类、品种介绍、栽培技术及应用价值，在书中已有全面系统的阐述，在此就不再重复了，我只是想对本书的背景再做一些补充，让读者能更容易理解她的目的和意义所在。同时，我衷心希望，公众和社会能从书中获取相应的知识，这样，本书的价值才能得以真正体现。

植物园是认知、收集、展示、保育和研究利用植物的机构，作为蔬菜的辣椒，其重要的经济价值和多样的资源，理所应当是植物园的收集和研究对象，是植物园中城市菜园的收集重点。但一开始，情况并非如此，因为掌握的信息比较少。本书作者有一次在和我讨论城市菜园发展方向时，我建议可以从蔬菜较多的大科入手，如茄科中有我们常见的土豆、茄子、西红柿等，当然也包括辣椒，正如作者所言，在她的努力之下，辣椒成功了，辰山植物园在这个方面的收集和展示的亮点和特色也就形成了。

但我想这本书的出版不是辣椒收集和研究的结束，而应该是新的起点。

如作者所述，辣椒的新品种在全球不断涌现，人类在追求该领域的极限，据报道，在2017年英国就培育了全球最辣的辣椒，其辣度超过318万单位，且在人类不断变化的需求下，新品种会更多地产生。我期望作者能随时跟踪全球辣椒行业的发展，不断引进和研究。当然，更希望作者能成为辣椒研究大团队中的一员，将来有一天，在这些丰富收集的基础上，能培育出既好看又适口的辣椒新品种，形成辣椒的辰山系列。那时，这本专著就可以更新提升了，我们期待着。

本书收集的300多个辣椒品种，是丁洁5年多的成果和心血，她把她一手的知识和经验汇总成了这本书的主要内容，我希望这本书能体现出她的价值。因为辣椒的适应性强，栽培范围广，如果有辣椒生产者能利用此书的知识，在不同的地域进行选择性的品种栽培，开发新的特色辣椒产品，可以为栽培者和经营者带来更好的效益，为乡村振兴提供了实在的、良好的植物材料，这应该是本书的目的之一。

综合辣椒的收集和研究策略，辰山植物园可以拓展收集的范围，加大茄科以及其他重要蔬菜类群的收集、展示和研究，更好提升辰山植物园在蔬菜的多样性和开发方面的影响力。通过阅读这本书和更多的专类展示活动，让更多的游客，尤其是像丁洁这样的城市青年能早一点有机会接触到蔬菜的相关知识，说不定还可以培育更多像丁洁一样的城市园艺师，从技术上更好地满足市民不断增长对美好生活的需求，这是本书的目的，更是辰山植物园的责任和义务。

希望丁洁更加努力，更进一步，取得更显著的成绩。

是为序。

胡永红 博士

上海辰山植物园执行园长

教授级高级工程师、博士生导师

2018年7月

前 言

说起我与辣椒的邂逅，还要从吃说起。民以食为天，可见“吃”在国人的生活中占据着相当重要的地位。这对上海人来讲，当然也不例外，熟人之间问候通常不是“侬好”(“你好”)、“侬早”(“早安”),而是“侬饭吃了伐?”(“你饭吃过了没有?”)。如今的上海，各大饭馆、餐厅融汇了各地美食的精华，足不出城便可品尝到全国各地的名菜。

同样，我认识辣椒，是从川菜中的麻婆豆腐、水煮鱼片、鱼香肉丝等开始的。大学时,我最爱吃盖浇饭。不知是给一个上午枯燥乏味的课程找点刺激，还是因为真的饿了，我在刚上大学时就迷上了麻婆豆腐盖浇饭。大学期间的集体生活，三五个同学一起去吃饭，也更觉得饭菜颇有滋味。由于恋上了辣，以至我又大胆地尝试更多辣味，和朋友出去吃饭也吃起了“辣馆”。当时上海特别火的川菜馆，好多都留下了我们的身影。至今犹记得刚开始时，一边狂呼辣味如此过瘾，一边还不胜其力地时不时给舌头降降温，喝点冰水，或者把菜放进白水里涮一下，为此还被我那些爱吃辣、能吃辣的朋友们大为鄙视了一番。

不过我觉得吃辣就和学英语一样，学好英语需要语境，时常交流，这样才能说得一口流利的英语；同样，吃辣也需要“辣境”！一般而言，吃辣与喝酒类似：越喝，酒量越好；越吃，就越想吃，也就越能吃辣，而一段时间停下来不吃辣椒，吃辣的能力便会减弱。作为一个土生土长的上海女孩，在我的家中，爸爸以浓油赤酱、醇厚鲜美为烹饪特色，妈妈一贯以清淡爽口、保持原味来烹饪，他们都吃不了辣。因此，从大三开始，我脱离了集体生活，失去了一帮“辣友”，与辣也渐行渐远，毕业后似乎就已经遗忘了它。

直至工作后，突然而来的机会，让城市长大的女孩变为了园丁，就此揭开了我人生中与植物邂逅的重要篇章。那时的我，哪里知道胡萝卜是怎么冒出来的，更不清楚西瓜、花生、黄瓜等的果实结在哪里。以前最常见到这些蔬菜和水果的地方，便是妈妈带着我逛的超市和菜场，里面的蔬果琳琅满目，各色各样，让人眼花缭乱。每次妈妈都要在我耳边念叨，跟我说如何区分催熟和自然成熟的番茄，如何辨别本地黄瓜和外地黄瓜，如何区分糯玉米和水果玉米……然而，这些经验却绝没有涉及这些蔬菜和水果是怎么从一粒种子变成累累硕果的。

一个城市女孩从事了园丁的工作，刚开始真的是一窍不通。虽然我不断地在知识海洋中挖掘，但理论和实践确实还有点距离。不过俗话说得好：师傅领进门，修行靠个人。园内的阿姨们都有过干农活的经验，甚至有些人现在家里还有菜地。她们就是领我进门的师傅，有她们的帮助，我入行就容易多了。我仔细聆听她们的经验，倾听她们记忆里的东西，边学习理论边实践劳作，不断成长……我初识的蔬菜是那些可食用的常见蔬菜，但随着工作的需要，也逐渐结识了更多稀奇古怪的蔬菜，比如紫色蛙蛋茄、四棱豆、拇指西瓜、彩虹莙荙菜、恐龙羽衣甘蓝等仿佛是“来自星星的蔬菜”。它们不但可食，还可观赏。然而，与辣椒再一次的结缘，还得从风铃辣椒说起，它是我第一次栽培不同于食用辣椒的品种。看到小巧玲珑的果实，似风铃又似飞碟，我十分兴奋，开始了对辣椒的探索，收集的辣椒品种也越来越多，从30个品种增加到80个……120个……140个……同时，我也收集有关辣椒的故事、文化、历史……我对辣椒的兴趣越来越浓了。

在所有蔬菜中，辣椒地位非凡，受欢迎程度只高不低。辣椒的结果量比任何相近大小的蔬菜都要多，一粒小小的种子，经过四五个月，可以收获如此多的果实，也是让人不得不爱的原因之一。辣椒虽说常归于蔬菜，可它在香料植物界中名气更是响当当，因而是世界上重要的农作物之一，甚至是全世界消费量最大的果蔬之一。当前，全球食辣人群超过总人口的20%，辣椒贸易的年交易金额近300亿美元，超过咖啡与茶叶。据统计，欧洲、亚洲、美洲和非洲都种植辣椒，其中以亚洲产量最大。中国食辣人群占人口总数的40%，国内辣椒年交易量980亿元以上。日常中，辣椒也与我们的生活紧密相连，是重要的蔬菜和调味品之一。在中国不同的地方，辣椒有着不同的名字，有700多个品种。它营养丰富，可鲜食、加工及干制后食用；因含有独特的辣椒素，具有开胃消食、温中散寒、强身健脾、促进人体血液循环等保健功能。

本书分为五部分，分别向读者展示了辣椒的人文历史、分类、应用、代表性品种和园艺展示。其中，在品种部分中，采用分类系统进行排序，在国内首次收录了352个品种，其中重点介绍了123个品种，并且对每个品种依次介绍其形态特征、来源、育产地、习性、株高、果形、果实大小、辣度等信息。通过本书，园艺、农业工作者或辣椒爱好者可以更多了解辣椒的文化、经济和食用价值，以及更多的国外新优品种。同时，这些图文并茂的辣椒品种介绍与园艺展示和科普活动相结合，又成为让青少年认识辣椒植物、向成人普及辣椒文化及宣传农业科普知识的良好读本。

通用名称"辣椒"既可泛指所有的辣椒属植物（包含该属所有物种及品种），有时也用于指代辣椒类作物（即进行了经济栽培的辣椒属植物），而在植物分类上辣椒属下还有"辣椒"（*Capsicum annuum*）这一特定的物种，所以它所指向的具体对象极易让人迷惑。为了方便理解，本书中的"辣椒"在多数情况下泛指辣椒类作物（因为它们与人类社会关系比较密切），在有些情况下也用作替代全部的"辣椒属植物"，而在"辣椒品种"部分中特指具体的物种"辣椒"（*Capsicum annuum*），请读者根据上下文语境甄别其具体含义。

《蔬菜图说——辣椒的故事》的编写得到了上海辰山植物园执行园长、中国科学院上海辰山植物科学研究中心副主任胡永红博士，辰山植物园副园长秦俊总工程师给予的大力支持。感谢中国科学院上海辰山植物科学研究中心科研助理汪远对本书"辣椒走出美洲""辣椒走进中国""无辣不欢"3节的编写，感谢上海辰山植物园刘夙博士对书中所有辣椒名的核对与命名，感谢恬笔艺术黄建弘老师对书中手绘图的绘制，同时感谢辰山植物园科普部科普项目对本书的资助。在编写过程中得到各位同事和朋友的无私帮助和支持，在此深表感谢。

由于时间紧促，学识有限，书中的缺陷、错误与不妥之处难免存在，恳请广大读者见谅，敬请给予指正！

目◇录

目
◇
录

第二部分
辣椒的分类

第三部分
辣椒的应用

目◇录

第四部分 辣椒的品种

第五部分 辣椒的园艺

第一部分

辣椒的人文历史

辣椒走出美洲

作为原产地的美洲，是最早种植和食用辣椒的地方，美洲原住民食用辣椒的历史可以追溯到遥远的石器时代。来自墨西哥东南部特瓦坎谷（Tehuacán Valley）的科斯卡特兰洞（Coxcatlán Cave）几个地层的考古证据分析显示，野生辣椒被当作食物来源可追溯至8 000年前，而辣椒的栽培可追溯至6 000年前。在厄瓜多尔南部地区也发现了约公元前4 250年食用辣椒的遗迹，但该地区是没有野生辣椒的，所以食用的辣椒必然是从其他地方被人带至那里。同样，在加勒比地区、委内瑞拉和安第斯地区出土的石磨和锅具中也都发现了辣椒和谷物一起烹饪的痕迹。

由于美洲和其他大陆隔绝，直到公元15世纪，辣椒仍只是在这块陆地上称霸，“旧世界*”中还无人品尝过它，甚至也没人听说过它。第一群接触辣椒、并让“旧世界”的居民认识辣椒的，是哥伦布（C. Colombo）和他的船员们。虽然从任何意义上来说，哥伦布都并非是第一个到达美洲的人，但他率领他的船员首次让当时的西方世界持续接触了美洲，造就了哥伦布大交换（Columbian exchange），将现在世界上产量最大的5种农作物——玉米、马铃薯、木薯、番茄和番薯从美洲带向全世界。辣椒，也是他们带出的农作物之一。

---

* 旧世界指欧洲在哥伦布发现新大陆之前所认识的世界，包括欧洲、亚洲和非洲。

哥伦布大交换线路图

在哥伦布远航之前，欧洲人一直使用胡椒（*Piper nigrum*）入药，且胡椒自希腊和罗马时代就被作为调味品使用。直到中世纪，胡椒对于西方人来说仍然是一种奢侈品，被称为“黑金”，按粒出售，甚至可用于支付租金和税收。当时世界上几乎所有的胡椒都是从印度的马拉巴尔海岸（Malabar Coast）被运出。从南亚进口这些香料也一度造就了亚历山大、威尼斯等港口城市的繁荣。按照传统说法，14世纪奥斯曼帝国崛起后，便切断了欧洲至亚洲的传统陆地及海洋贸易路线，于是欧洲的贸易商便开始寻找新的到印度或其他亚洲国家的路径，这不仅仅是为了胡椒，也是为了丁子香（clove）和肉豆蔻（nutmeg）等其他香料、丝绸以及黄金。

带着对香料和其他奢侈品的渴求，公元1492年，哥伦布在西班

胡椒

丁子香

肉豆蔻

牙王室的资助下横渡大西洋，抵达了他认为的“印度”——其实是一个新大洲（美洲）。这个意大利航海家在美洲第一次见到了辣椒，那些由绿色变为红色的圆形小果实，看上去和现今的辣椒极为不同，却与胡椒有着几分相似。这让哥伦布错认为他看到的是胡椒（当时名为“pepper”，后名为“black pepper”），而辣椒的英文名（当时名为“pepper”，后名为“chili pepper”）也由此而来。他在日记里兴奋地写道：“这里有一种红色的胡椒，产量很大，每年所产可装满五十艘商船；这里的人不管吃什么都要放它，否则便吃不下去，据说它还有益于健康。”的确，在美洲阿兹台克人（Aztec）和玛雅人（Mayan）的传统生活中均大量使用辣椒，不仅用于调味食物，也用于熏蒸房子和治疗疾病。那瓦特尔语（Nahuatl）是阿兹台克语系中的一种，将辣椒称为“chilli”，这个单词在1660年前后传播开来，并转

哥伦布在新大陆上发现了辣椒

变为现在使用的辣椒的另一个英文名字“chili”。

哥伦布带着拯救欧洲厨房的使命出发，结果带来的却是颠覆欧洲厨房风味的成就。正是这种阴差阳错把“辣椒”误当成“胡椒”的发现，最终把辣椒带到了西方人面前。哥伦布想不到的是，他带回的这种火辣辣的果实数年之后就风靡欧洲，给欧洲的菜肴添入了新的风味，甚至在百年之后也让遥远的中国、印度、泰国等国的饮食文化产生了革命性的变化。

辣椒种子引入欧洲后，地中海欧洲沿岸的居民便开始种植辣椒，并很快迷恋上了辣椒的味道。1542年，第一张欧洲辣椒图鉴在一本德国草本植物志上发表。作者富克斯（L. Fuchs）写道，辣椒在哥伦布第一次航行之后，不到半个世纪就在欧洲人尽皆知。

不过，尽管是哥伦布把辣椒带回欧洲，但要归功于葡萄牙人和他们广泛的贸易路线，使得辣椒在全世界传播。1498年，葡萄牙探险家达伽马（V. da Gama）发现了一条从南美洲好望角到非洲和印度的路线，将这种香辛料带到了印度沿岸。1510年，葡萄牙控制了香料港口马拉巴尔海岸，一位葡萄牙官员安德鲁斯（P. Andrews）在1500—1516年报告说，辣椒非常受印度厨师欢迎，通常使用胡椒和姜的厨师们已广泛使用辣椒制作食物。在印度阿萨姆（Assam），当地的阿萨姆红茶十分出名，而比阿萨姆红茶还要出名的则是在阿萨姆邦一个叫作提斯浦尔（Tezpur）小镇的丘陵上种植的植物——印度鬼椒，也叫断魂椒，一度雄霸世界最辣辣椒宝座很长时间。

跟随着葡萄牙人的航运路线，辣椒以惊人的速度传播开来。葡萄

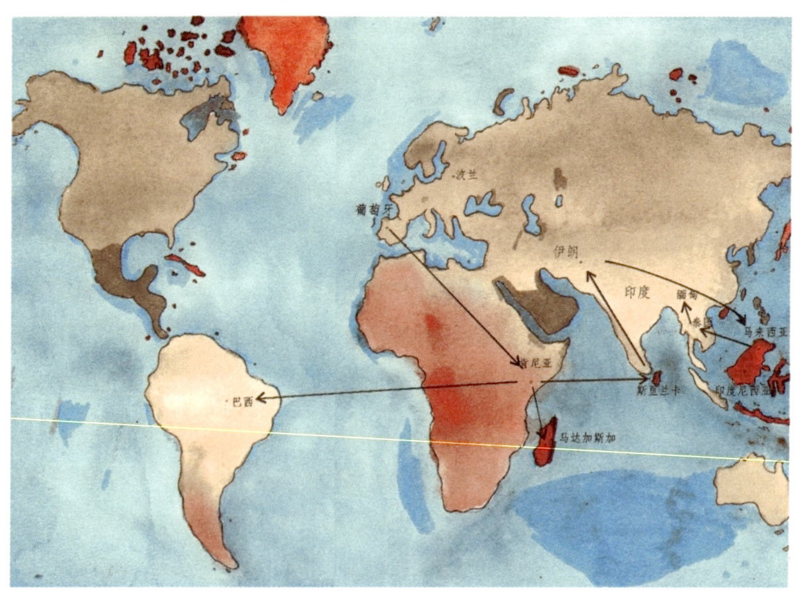

辣椒传播路线图

牙殖民帝国在那时不断扩张：1498年到达肯尼亚，1500年到达巴西和马达加斯加，1505年到达斯里兰卡，1507年到达波斯（今伊朗），1509年到达今马来西亚，1511年到达今泰国和印度尼西亚，1512年到达缅甸。殖民地之间贸易也蓬勃发展。此外，印度的古吉拉特人（Gujarati）以及阿拉伯商人也开始携带包括辣椒在内的“新世界”*食物，通过海上航路穿越马六甲海峡到达印度尼西亚。另一条贸易路线是从印度的西海岸城市第乌（Diu）开始，这个城市的特殊位置使它成为阿拉伯海贸易航线上的重要港口。辣椒从第乌和苏拉特（Surat）开始，沿着恒河向内陆延伸，抵达布拉马普特拉河（Brahmaputra River），甚至穿越喜马拉雅山，这条河的上游在中国境内，就是雅鲁藏布江。在哥伦布首次登陆新大陆不到3个世纪，1776年，荷兰医师雅坎（N. J. Jacquin）将一个辣椒属新种命名为*Capsicum chinense*，其中的种加词“chinense”是“中国”的意思，因为他认为这种辣椒是来自东方的中国。然而，中国乃至亚洲并无原产的辣椒，这种辣椒显然来自美洲，所以把*Capsicum chinense*称为“中华辣椒”是错误的。学名中的这个错误不应该在中文名中延续下去，因此，本书将这个种称为“黄灯笼辣椒”。

通过葡萄牙的殖民地和贸易路线，辣椒被引入西非后，奴隶贸易商在跨洋航行中大量携带辣椒，种植园也开始种植它们用于食物烹饪。尽管美国和墨西哥的距离并不遥远，当地印第安原住民也将辣椒作为调味品，但辣椒在北美早期的殖民过程中并没有扎下根来，直到奴隶贸易和种植园制度在美国建立，辣椒才在美国广泛流行开来。辣椒从美洲到达西班牙，从巴西到达西非，再通过奴隶贸易到达美国，完成了一次次的扩张。

---

* 新世界指哥伦布所发现的美洲大陆上的世界。

辣椒走进中国

在中国，“椒”最早指的是花椒（*Zanthoxylum bungeanum*）及其近缘种，它们的果皮具有辛辣的味道和香气，很早就被用作调味品。《诗经·唐风·椒聊》中就提到过花椒，“椒聊之实，蕃衍盈升”，意思是指花椒结果实很多。《楚辞》中更是几次提到花椒，比如“奠桂酒兮椒浆”中的“椒浆”就是用花椒果实泡的酒。东汉时期，通过中国和印度之间的交通与贸易，中国人又知道了种子具有辛辣味的胡椒。西晋司马彪（？—306年）所著《续汉书》中就记载“天竺国出石蜜、胡椒、黑盐”。西晋张华（232—300年）在《博物志》中也记载了“胡椒酒”的制作方法。到了唐代，胡椒在中国饮食文化中已具有相当高的地位，但因为在当时的中国，除了云南南部和海南岛，其他地区无法种植这种热带作物，使得它在很长一段时间内始终是一种贵重的异域香料。

辣椒被带到世界各地主要是葡萄牙人的功劳，因此，辣椒抵达中国恐怕也是葡萄牙人所带来。中国从明朝初期的1368年就开始实行海禁，此时，距离辣椒被哥伦布发现并带往欧洲还有一个多世纪。而直至隆庆元年（1567年），中国才部分解除海禁。在此期间，中国的对外交流主要以朝贡为主，但自弘治元年（1488年）至弘治六年（1493年），自广东入贡的仅占城（今越南中部地区）、暹罗（今泰国）各一次。从哥伦布带回辣椒至1567年间，仅有葡萄牙人和中国有过来往。

先来回顾一下葡萄牙人在中国的行踪。明正德八年（1513年）5

花椒原生种

月，葡萄牙探险家阿尔瓦雷斯（J. Álvares）在葡萄牙船长帕塔林（R. de B. Patalim）及两名水手的陪同下，和另外5艘船从勃固（Pegu，今缅甸南部地区）出发，经由满剌加（今马六甲），首先抵达了中国广州沿海的屯门地区（葡萄牙人称Tamão，现称内伶仃岛），这是葡萄牙人首次来到中国。正德十一年（1516年），葡属印度总督阿尔布开克（A. de Albuquerque）派遣佩雷斯特雷洛（R. Perestrello），乘坐从满剌加出发的船来到广州南岸，希望与中国进行通商。巧合的是，佩雷斯特雷洛正是哥伦布的表亲。在此期间，他被允许入境进行贸易，也捎带回不少中国特产，但不允许到港口以外的其他地方去。这是葡萄牙人首次和中国进行贸易。

虽然没有史料记载，但辣椒极有可能在1516—1521年间就随着葡萄牙人和中国人之间的贸易从广州第一次被带入中国。尤其是这期间在中国从事贸易的三个人，哥伦布的表亲佩雷斯特雷洛、药剂师皮雷斯（T. Pires）和安德拉德（F. P. de Andrade），后两人都对香料作物十分感兴趣。很难相信葡萄牙人会带着辣椒满世界跑，却不把辣椒带来中国。此外，1553年之后，葡萄牙人便长期盘踞澳门，辣椒可能也在当时的贸易品之列。但是，葡萄牙人到中国主要是购买中国的丝织品及土特产并转销国外，中国对葡萄牙人的商品并不感兴趣，因此辣椒可能在当时的两国贸易中极少作为交易品。即便1516—1521年间辣椒就可能已登陆中国，也没有引起任何波澜。

中国目前已知最早的辣椒记录来自万历十九年（1591年），明代戏曲家和养生家高濂所著的《遵生八笺》，其中记载有"番椒"，对其描述是"丛生，白花，果俨似秃笔头，味辣色红，甚可观"。高濂是浙江钱塘（今杭州）人，《遵生八笺》是他晚年隐居西湖时的作品。在清代的地方志中，最早出现辣椒记载的也是浙江地方志。因此，辣椒进入中国比较确切、有史为证的地方就是浙江，其时间据推测最早在嘉靖十九年（1540年）前后，葡萄牙人在浙江宁波双屿岛进行走私贸易时，将辣椒带入中国。

第一次进入中国后，辣椒并未流传开来。那时的中国人对辣椒的接受速度似乎和世界上其他地区都不一样。无论是哥伦布首次把辣椒带回欧洲，还是葡萄牙人把辣椒带到印度，通常辣椒一进入当地后即开始流行，十年之内便风靡大部分区域，迅速被接受并被融入当地美食之中。然而在中国，自万历十九年辣椒首次见于典籍，在此后长达近一个世纪的时间中仅见零星记载，如万历二十六年（1598年）的《牡丹亭》、天启元年（1621年）的《二如亭群芳谱》、崇祯十二年

（1639年）的《农政全书》以及康熙十年（1671年）的《山阴县志》，而且都是在浙江地区。

辣椒也有可能是多次独立进入中国。广东是继浙江之后第二个有辣椒记载的省份。明末清初的学者屈大均为了增补明末《广东通志》，编著了《广东新语》，该书最早成书于康熙十九年（1680年），其中提到了“番椒”，即辣椒。因此，辣椒首次在广东被记载的时间比首次在浙江被记载的时间晚了近一百年，而首次被浙江邻省记载的时间则更迟。安徽的记载见于乾隆十七年（1752年）的《颍州府志》，江西的记载见于乾隆二十年（1755年）的《建昌府志》，福建的记载见于乾隆二十八年（1763年）的《长乐县志》，江苏的记载见于嘉庆七年（1802年）的《太仓州志》，都大幅晚于浙江的记载时间，也晚于广东半个多世纪。因此，明末清初浙江地区的辣椒很可能仅栽培于浙江少数区域，而并未大规模传至周边地区。广东地区的辣椒，虽然有可能来自浙江，但更有可能是直接通过海上贸易，独立进入。清朝初期，清政府为了削弱郑氏家族在台湾的势力，施行了严厉的海禁政策，分别于顺治十二年（1655年）、顺治十三年（1656年）、康熙元年（1662年）、康熙四年（1665年）及康熙十四年（1672年）五次下达禁海令，“沿海省份，不许张帆如海”，但由于海禁政策对沿海居民影响甚大，民众十分抵触、地方执行不力，因而在某些时期、某些地方会有所松弛；另外葡萄牙人长期盘踞澳门，虽然在海禁时期贸易受到大幅限制，但从《广东新语》所记载的来看，仍然有不少贸易往来。因而辣椒在清初时期，有大量机会通过贸易往来进入广东。《广东新语》卷十四“食语”部分写道：“广州望县，人多务贾，与时逐，以香、糖、果、箱、铁、藤、蜡、番椒、苏木、蒲葵诸货，北走豫章、吴、浙，西北走长沙、汉口，其黠者南走澳门，至于红毛、日本、琉球、暹罗斛、吕宋。”可见那时，辣椒就已有栽种，且可能远销内地及海外。康熙二十六年（1687年），《阳春县志·物产》“药之属”中也记载了辣椒，但是以药用形式出现。

与广东首次记载辣椒大约同时期的北方辽宁，于康熙二十一年（1682年）的《盖平县志》也有了“秦椒”的记载。随后，辽宁的邻省河北，也于康熙三十六年（1687年）的《深州志》出现辣椒记载。雍正七年（1735年），山东《山东通志》出现辣椒记载。咸丰十一年（1861年），内蒙古《归绥识略》出现辣椒记载。光绪十七年（1891年），吉林《伯都纳乡土志》出现辣椒记载。道光六年（1826年），山西《大同县志》出现辣椒记载。道光十九年（1839年），河南《修武县志》出现辣椒记载。

康熙时期，尤其是康熙前期，中国沿海严格实行海禁，禁止渔民出海打鱼，几乎断绝对外贸易，因此辣椒不太可能经海路进入辽宁。《韩国史》中记载辣椒于1592—1601年的“壬辰倭乱”期间进入朝鲜。当时，虽然辽宁海上贸易中断，但和朝鲜的贸易还在进行，主要是使团贸易和边境贸易。使团贸易的货物种类比较少，类目多有记载，其中并无辣椒出现；但边境贸易的种类却非常多，其中尤以日用品居多。因此，康熙年间出现于辽宁的辣椒极有可能是通过边境贸易从朝鲜半岛进入。

辣椒进入中国后，在浙江地区停留将近两个世纪都未见记载传至外省。但辣椒在进入中国的另两个省份——广东和辽宁后，不久便相继在邻省出现。北方地区的辣椒传播源头及中心可能在辽宁、河北（北京）一带。京津地区的辣椒可能是浙江籍官员带入。如前所述，辽宁的辣椒记载见于康熙二十一年（1682年）的《盖平县志》，河北见于康熙三十六年（1697年）的《深州志》，山东见于雍正七年

（1729年）的《山东通志》，而这几个省份的邻省，都至少晚于辽宁50年以上。所以辣椒在北方早期的传播，基本就限于辽宁、河北（北京）、山东三省。

辣椒在南方的传播，很可能有第二中心，并且有着特殊的历史环境和背景。康熙二十三年（1684年）的《邵阳县志》记载辣椒进入湖南的一种可能途径是从浙江进入，但浙江此时栽种辣椒已有将近一百年的历史，这么长的时间几乎未见扩散到邻省，因此，湖南的辣椒是否来自浙江尚存疑。根据《广东新语》中记载，那时辣椒已经作为商品进行贸易，所以极有可能是从广东到达湖南。湖南起初称辣椒为“海椒”，也间接说明湖南辣椒可能直接来自沿海地区。

辣椒见于湖南后，在康熙六十一年（1722年）《思州府志》成书之前又传到了贵州，紧接着，云南的记载见于乾隆元年（1736年）的《云南通志》、广西见于乾隆六年（1741年）的《武缘县志》、四川见于乾隆十四年（1749年）的《大邑县志》、安徽见于乾隆十七年（1752年）的《颍州府志》、江西见于乾隆二十年（1755年）的《建昌府志》，前后大约30年的时间里，湖南周边省份均有了辣椒的记载。

辣椒短时间的流行，极有可能和西南地区的动乱以及贫困人口的增加有关。明清过渡期间发生的一系列灾难性的破坏——战乱、旱灾、饥荒导致的大规模、持续性的人口减少，是四川历史上最引人注目的事件之一。自崇祯初年（1627年）起，西南地区便陷入无休止的战乱当中。大西政权、南明政权、先投降后又反叛的吴三桂集团等接连与清军发生大规模军事冲突，直至康熙十九年（1680年），清军才基本平定西南战乱。

经过这段浩劫之后，据官方的统计数字，顺治十八年（1661年），四川仅有16 096丁；康熙九年（1670年），仅升至25 660丁。后经学者的修正，主张清初四川人口总数应当在50万左右。这个数字一般被认为是康熙二十年（1681年）以前四川的人口数。而明中期四川人口鼎盛时，人口总数至少在600万。

所以，清政府对重建四川十分重视，鼓励外省人口移民四川是其政策重点。自此，拉开了向四川持续不断的移民大潮，史称“湖广填四川”。顺治六年（1649年）朝廷颁布了《垦荒令》，在湖北荆州特设“四川湖广总督”，专门办理向四川移民事宜。康熙二十九年（1690年）又制定了《入籍四川例》，故填川之民又有“奉旨入蜀”之说。康熙三十三年（1694年）发布《招民填川诏》，下令从湖南、湖北、广东等地大举向四川移民。根据嘉庆年间的《四川通志》户口统计，自康熙六十一年（1722年）至嘉庆元年（1796年），四川人口净增2 516 491人，其中约80%是外省移民。辣椒很可能就是随着“湖广填四川”运动，迅速扩散至整个西南地区。辣椒在热带和温带气候下都容易生长，大部分品种容易干燥，而且在干燥后重量轻盈，保持了种子的活性及辛辣的口味，使其成为长期储存和长途运输的理想选择。在长距离移民、初入垦荒、食物匮乏之时，辣椒无疑是极佳的佐餐伴侣，能赋予最单调的食物丰富的味道。

由此可见，辣椒在这个时期的迅速扩散和辣椒功能上的转变有关。辣椒最初进入中国并非是以调料的形式，而是被当作观赏植物。高濂著《遵生八笺》30年后，王象晋的《二如亭群芳谱》中也收录了“番椒”，描述是“亦名秦椒，白花，实如秃笔头，色红鲜可观，味甚辣，子种”。“色红鲜可观”是当时的人们对辣椒的评语。此后，辣椒在中国除了作为观赏，就多以药用使用。辣椒作为药物使用的记载，初见于明末姚可成修订的《食物本草》。传入日本后，称为唐辛子，同样作为药物使用，用来内服祛寒暖脾胃或外擦防冻。因此，辣椒最初仅在浙江地区少量栽种，没有传播开。到了康熙年间，辣椒逐渐传播到湖南、贵州一带，才开始有了新的用途，那就是用以代盐。清人田雯在其著作《黔书》中记载“当其匮也，代之以狗椒。椒之性辛，辛以代咸，只诳夫舌耳，非正味也”。意思是当时贵州盐比较匮乏，以辣椒的辛辣代以咸味。康熙年间的《思州府志》记载“海椒，俗名辣火，土苗用以代盐”。乾隆年间的《广西通志》则记载苗族、瑶族“每食烂饭，辣椒代盐”。

我国古代的内陆地区，尤其是西南山区，交通不便，盐是比较难获取的，一般都要靠海盐运入内陆，因此价格也比较高，对于穷人来说是个不小的负担。但辣椒就不一样了。辣椒栽培容易，作为佐料用量不大，晒干后又极易储存，对于生活穷困、食物简单的人来说，辣椒是非常好的食物佐料，有助于增加食欲、改善口感。此外，在我国湖南、湖北及西南地区，夏季炎热，冬季湿冷，同时这里的人又大多从事水田种植，需要长时间浸泡在水里。他们认为人体内的湿寒不容易排出，于是就把辣椒当成了一种重要的“祛寒、散汗、排湿”的食材。因此，辣椒又一次发生了功能性转变，在这些地区广受欢迎。

值得一提的是，乾隆元年（1736年）的《云南通志》和乾隆四年（1739年）的《景东直隶厅志》是云南最早记载“秦椒，俗名辣子”的两部方志。对此记载，其后有些文献认为记述有误。如道光年间的《云南通志》说“秦椒，[旧云南通志]俗呼辣子，谨按，秦椒即花椒，辣子乃食茱萸，李时珍分析极明，旧志盖误”。明李时珍《本草纲目》确有“食茱萸，[释名]辣子”的记载，清道光年间的《昆明县志》和《普洱府志》亦有“食茱萸，俗名辣子”的记载。道光年间的《定远县志》和《威远厅志》中又有“蔬属：秦椒，俗名辣子，初种可长至六七年者”的记载。这里记载的“秦椒”，显然不是先前在

灌木状辣椒

其他地区种植的一年生的辣椒，但极有可能是现在已经在云南逸为野生的多年生辣椒，即灌木状辣椒（*Capsicum frutescens*）。

然而，也有一些省份的辣椒首次记载时间比较迟，可能和史书的滞后有关，但也可能实际到达或广泛栽培的时间确实相对较晚。例如，江苏于嘉庆七年（1802年）的《太仓州志》、山西于道光六年（1826年）的《大同县志》、河南于道光十九年（1839年）的《修武县志》、内蒙古于咸丰十一年（1861年）的《归绥识略》、吉林于光绪十七年（1891年）的《伯都纳乡土志》、黑龙江于民国初年（1912年）的《瑷珲县志》、青海于民国八年（1919年）的《大通县志》、西藏于民国二十一年（1932年）的《康藏》才出现辣椒记载，而宁夏的地方志则迟至民国期末都未见辣椒记载。

无辣不欢

食髓知味，四川人一旦开始食用辣椒，就感受到了无与伦比的味觉刺激，并迅速上瘾，无辣不欢。到了清末，食辣已经成为四川人饮食的重要特色。在清末傅崇矩所著《成都通览》中记载的1 328种成都菜肴里，辣椒已经成为家常川菜中的主要佐料。徐心余所著《蜀游闻见录》中也曾记载“惟川人食椒，须择其极辣者，且每饭每菜，非辣不可”。这标志着现代川菜的味型在清末已经定型了。

贵州地区在清代末年盛行的包谷饭，其菜多用豆花，再以水泡盐块加海椒用作蘸水，有点像今天四川富顺豆花的海椒蘸水。

嘉庆年间，湖南一些地区食辣并不十分普遍，但到了道光、咸丰、同治及光绪之间，食用辣椒就较普遍了。据清代末年《清稗类钞》记载：“滇、黔、湘、蜀人嗜辛辣品”、“（湘鄂人）喜辛辣品”，“无椒芥不下箸也，汤则多有之”，说明清代末年湖南、湖北人食辣已经成瘾，连汤中都要放辣椒。

早在光绪年间，云南便开始大量食用辣椒了。据清代末年徐心余《蜀游闻见录》记载，他的父亲在雅安发现每年经四川雅安运入云南的辣椒，“价值近数十万，似滇人食椒之量，不弱于川人也”。

据清代吴其濬《植物名实图考》记载，江西在嘉庆年间便已经种植食用辣椒，光绪时期，江西地区食辣椒已较为普遍。现今，江西的南康辣椒酱十分著名。

各国辣文化

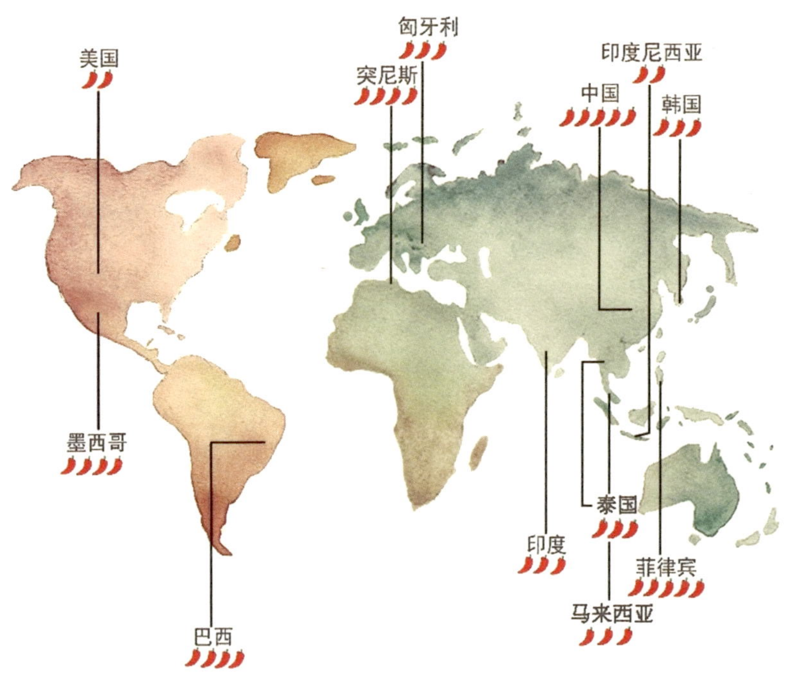

主要的食辣国家

美国

美国各地有着悠久的辣椒文化。早在18世纪，在路易斯安那州的南部，辣椒常被用于炖食，搭配牛肉、猪肉或海鲜贝类烹饪。当地有名的秋葵浓汤（gumbo），就是一道结合多国及原住民部落烹饪方式的菜肴，主食材为秋葵、肉类和虾类，佐料以盐、辛辣粉和甜椒为主。辣椒甚至还被当地人认为是蔬菜中的“天主三圣”，似神一般，另两位“神”便是洋葱和芹菜。这种混合食物的烹饪习俗，主要是受到了周围各国以及原住民部落饮食文化的影响。如阿兹台克人（Aztecs）、印加人（Incas）和玛雅人（Mayans），他们常食用豆、肉、辣椒和一些香料混合物。

在美国的另外两个州，辣椒也十分受宠，被官方规定为该州的象征植物。其中一个是得克萨斯州，当地规定了墨西哥辣椒（jalapeño）为“州辣椒”（state pepper），在该州野生生长的鸟眼椒为“州本地辣椒”（state native pepper）。墨西哥辣椒，又被称为“胖辣椒”，因果实外形又粗又短而得名。它的口感较为温和（辣度为2 500～10 000 SHU*），极受人们的青睐。鸟眼椒的辣度稍辣一些，辣度为50 000～100 000 SHU。另一个是新墨西哥州，规定了两个“州蔬菜”，辣椒是其中之一，可见辣椒在美国的地位。

早在1930年，美国就有了辣椒协会，只是当时协会还不完全成形。直至1951年，哈达维（G. Haddaway）和富勒（J. Fuller）成立了第一个较为正式的国际辣椒协会。1960年，该协会正式被命名为“国际辣椒鉴赏协会”（Chili Appreciation Society International，CASI）。大

---

* SHU: 史高维尔辣度单位。

国际辣椒鉴赏协会商标

卫·威茨（David Witts）、谢尔比（C. Shelby）、福勒（W. Fowler）和尼尔（B. Neale）都是最初的协会成员，他们共同推动得克萨斯州辣椒的发展，并将辣椒烹饪推广到其他国家和地区。然而，事情的开始往往不遂人所愿，当时的烹饪并不受追捧，也就更别谈比赛了。

16年后的1967年，第一届“辣椒烹饪大赛”在得克萨斯州特灵瓜（Terlingua）的鬼城举办，盛邀当时具有一定社会影响力的史迪威（H. Stillwell）、施奈德（F. Schneider）、戴夫·威茨（Dave Witts）和蔡森（D. Chasen）出席。由于评委托尔伯特（F. X. Tolbert）是《达拉斯晨报》的专栏作家，一位参赛选手史密斯（H. A. Smith）是作家，从而大力推动了本次比赛的宣传工作。不过，最终的焦点还是选手福勒和史密斯，他们俩胸有成竹，都认为自己能烹饪出最好的辣椒料理。

比赛正式开始时，蔡森突然生病不得不放弃评审，另外三位评委被蒙上双眼试吃各种烹饪的辣椒。戴夫·威茨先试吃了一种，辛辣味直冲喉咙，霎时吞噬了他的味蕾，最终不得不放弃继续评审。坚持到最后的两位评委，给两位选手的烹饪作品各投一票，因而以平局告终。史密斯赛后不忘彰显自己，在《假日杂志》（*Holiday Magazine*）发表了一篇“没有人能比我更了解辣椒”的文章，虽然他的高傲自大引起了人们的反感，但也使他在辣椒史上成了“名人”。

这一届“辣椒烹饪大赛”虽无冠军，却引起了巨大的轰动效应，爱好者剧增，甚至各界名人，如出版商、报纸编辑、律师、当地电视制作人等都纷纷前来参加烹饪比赛。第二届（1968年）比赛的冠军是达席尔瓦（W. Desilva），他是洛杉矶国际机场的前任经理。来自加利福尼亚州的范德比尔特（C. Vanderbilt），又名伍迪（Woody）是第三届（1969年）比赛的冠军。伍迪在当时的美国算得上是风云人物，他主要的工作是美国游乐园和社区规划。此外，他还是迪士尼乐园的首席开发商以及哈瓦苏市（Lake Havasu City）的总设计师……

辣椒爱好者的人数扶摇直上，一代又一代的人受到影响恋上烹饪。1970年，国际辣椒鉴赏协会内部调整，协会分离成三个组织，一个依旧保留CASI的名称，另一个是现在的特灵瓜国际辣椒烹饪锦标赛（The Original Terlingua International Championship Chilli Cookoff）组织，还有一个就是“国际辣椒协会”（International Chili Society，ICS）组织。ICS的组织人正是第三届比赛冠军伍迪，还有CASI最初会员之一的谢尔比（C. Shelby）和第一届“辣椒烹饪大赛”评委托尔伯特。随后，第一届国际辣椒烹饪锦标赛（World’s Championship Chilli Cookoff）在特灵瓜顺利举办，获得第一名的是CASI最初会员之一的福勒，其获奖作品“双警报辣椒”（Two Alarm Chili）让人垂涎欲滴，成为历史上著名的辣椒食谱之一。1972年，著名的《一碗红色》（*A Bowl of Red*）问世，这本书出自于《达拉斯晨报》专栏作家、小说家和历史学家托尔伯特，他是国际辣椒烹饪锦标赛的联合创始人之一。烹饪比赛激起了他对辣椒的浓郁兴趣，促使他将得克萨斯州辣椒起源、烹饪比赛、传奇人物、食谱等娓娓道来。这些漫长历史通过文字被保留的珠玑，成为得克萨斯州的珍贵遗产。

国际辣椒协会会标

墨西哥

有着“天下第一辣国”美称的墨西哥是辣椒的发源地之一，全球约一半辣椒生长于墨西哥境内。在墨西哥，辣椒以不同的方式被应用于当地美食中，其用意并非使食物变得辛辣，而是赋予菜肴更微妙的味道。其中，最著名的两道菜当属核桃酱辣椒（Chiles en Nogada）和莫莱酱（Mole Sauce）。

具有悠久历史的核桃酱辣椒在墨西哥具有一定的象征意义。“nogada”意为核桃树，这道传统菜肴由核桃与奶油混合而成的奶油酱搭配‘巴布兰诺’辣椒，再以红石榴籽作装饰，恰好对应了墨西哥国旗的颜色：绿色、白色和红色。每年9月16日，核桃酱辣椒都会被用来欢庆墨西哥独立日。

浓郁的莫莱酱也是久负盛名的墨西哥佳肴。它的名字“mole”是纳瓦特尔语，有“酱汁”的意思，泛指黄色、红色、黑色甚至绿色的调味汁。那么，这道食物是谁发明的呢？传说在16世纪，普埃布拉圣罗莎修道院（Puebla's Convent of Santa Rosa）正临大主教前来参观，而当时因贫困，修道院里只有辣椒、香料、面包、坚果、一点巧克力等少量食材，这让修女们恐慌不安，不由地向上天祈祷，希望天使出现，激励和点化她们。当然，天使并未出现，到最后她们将修道院中仅有的食材混合制成酱汁，又蒸煮了一只鸡，把这奇怪的酱汁撒在了上面，莫莱酱就这样诞生了。不过，也有人说莫莱酱产生于西班牙人到达墨西哥之前的时代。当时著名的军事家科尔特斯（H. Cortés）入侵墨西哥，而后沿着墨西哥的东海岸到达了阿兹台克（Aztec）帝国，他带领士兵携带先进武器，仿佛从天而降，竟成了阿兹台克人心中的神，国王莫克特苏马（Moctezuma）为表达仰慕而献上了莫莱酱。尽管莫莱酱的起源众说纷纭，但它已成为墨西哥饮食文化中的一部分。每个墨西哥家庭中的女主人都有着各自烹饪莫莱酱的秘法，代代相传，甚至创新了更多新口味替代了传统的莫莱酱。不过，由干辣椒与坚果、墨西哥巧克力、牛至、鸡肉汤、牛油果叶、大蒜等成分一起混合而成的巴布兰诺莫莱酱（Mole Poblano），因其工序复杂，做法讲究，也成了经典美食。其中，所用的干辣椒不仅需要三种以上，而且“辣椒三圣”（‘宽椒’辣椒、葡萄干辣椒和穆拉托干椒）必不可少。

墨西哥夹饼（taco），又称“塔可”，是一道传统的墨西哥菜，也是在美国非常受欢迎的街头小吃。其实，墨西哥夹饼就是以玉米或小麦粉为原料并加入各类蔬菜和肉类的玉米饼。当然，其中辣椒必不可少。辣椒的不同决定了玉米饼的辣度不同，这对嗜辣的人来说绝对是享受。图中的仙人掌玉米饼是纽约当地小吃，笔者在纽约时特意去品尝过，一份折合20元人民币左右，材料看着也很简单——牛肉、仙人掌、香菜、辣椒酱、牛油果酱等。但是这味道……一大口下去，脸瞬间变红，头顶仿佛燃起火焰，迅速喝完一杯可乐，还是无法灭了这团火焰。这种经历……终生难忘！若你不太能吃辣的，挑战墨西哥夹饼千万要慎重。

仙人掌玉米饼

巴西

在巴西，辣椒是十分重要的香料植物和蔬菜作物。尤其是在巴西的亚马孙河流域和南部地区，更是辣椒种子资源的起源中心。

‘马拉盖塔’辣椒是巴西的一种本土辣椒，在巴西又被称为“Mala”。葡萄牙人殖民统治时期，‘马拉盖塔’辣椒通过贸易交换被传到了葡萄牙、莫桑比克、佛得角等地，因而又有了好几种叫法。在葡萄牙被称为“Maguita-tuá-tuá”，在非洲东南部的莫桑比克的斯瓦希里语中被称为“Ndongo”，在非洲西部的豪萨语中被叫做“Gindungo”等。‘马拉盖塔’辣椒是巴西辣椒类作物中较辣的品种之一，辣度为60 000 ～ 100 000 SHU，在巴西、葡萄牙和莫桑比克等国家被广泛地栽培和食用，甚至已成为这些国家的主要蔬菜，尤其是烹饪荤菜、炖菜或汤、调味品中绝少不了它。例如，它可以用来制作“皮里-皮里酱”（Piri-piri Sauce），或被制作成辣椒油喷洒于鲍鱼球（Bolinhos De Bacalhau）中，或用于糕点（Pasteis）制作中。‘马拉盖塔’辣椒与椒蔻（*Aframomum melegueta*）极易混淆，椒蔻属于姜科，是西非的一种香料植物，在当地被称为“Mele”，无论拼写还是食用，都与‘马拉盖塔’辣椒十分相似。

另外，巴西的多香果辣椒酱（Pimento Sauce）也值得一提。“Pimento”西语意为辣椒，这一类的辣椒主要指体积较大的樱桃形辣椒，肉质甜而多汁，比红色甜椒还要芬芳，常见的品种有‘圣达菲’辣椒、‘花宝石’辣椒等。

匈牙利

匈牙利位于欧洲的中心，其饮食融汇了欧洲的烹饪特色和亚洲的异域元素，以浓郁强烈的独特口感让人垂涎欲滴。匈牙利的饮食文化起源于当地的游牧民族马扎尔（Magyars），喜欢用明火、大铁锅烧制肉食和汤食。马扎尔族的传统美食牛肉炖汤（Goulash）成了匈牙利的国菜之一，主要食材有牛肉、蔬菜、辣椒粉和其他香料。

在匈牙利，辣椒是重要的调味剂，人们无论是吃肉、吃鹅肝、喝汤还是吃沙拉都要搭配红色辣椒粉，甚至连吃个奶酪都要加，足以见得国民对辣椒的喜爱程度！匈牙利的辣椒粉统称为“Paprika”，口感并不太辣，带着一点甜味，堪称匈牙利的国民调料。其中最具代表的佳肴当属匈牙利牛肉汤（Gulyásleves），通过大量辣椒粉来炖煮牛肉，汤汁鲜美，鲜辣适口，冬季喝上一碗，既暖心又暖胃。

突尼斯

突尼斯位于非洲北部，与其他北非菜系相比，突尼斯的食物更辛辣。突尼斯人几乎每餐必吃哈里萨辣酱（Harissa）。在任何一家当地餐厅，服务员在餐前都会端上一盘哈里萨辣酱和几块面包或薄饼。哈里萨辣酱是由多种香料混合而成的酱，也是许多汤、炖菜和咖喱中的主要成分。通常，制作材料会选用‘巴克洛地’辣椒，山地干辣椒（Serrano Pepper）和其他香料（大蒜、藏红花、香菜、孜然等）。不同香料之间随意组合，还可创造出不同风味的哈里萨辣酱，让人欲罢不

‘巴克洛地’辣椒

‘大山坦佩雷’辣椒（山地干辣椒系列）

能。甚至在利比亚、阿尔及利亚和摩洛哥等国家，哈里萨辣酱都被广泛食用。

泰国与菲律宾

泰国被誉为“吃货天堂”，从街边摊到高级餐厅，各种美食琳琅满目，每一样都让人念念不忘。自16世纪引入辣椒后，泰国国民便开始广泛食用。由于泰国当地气候炎热潮湿，是细菌生长的理想环境，食用辣椒起到了预防疾病和提高免疫力的作用，当地人更是不由自主地恋上了它。最著名的冬阴功汤（Tom Yum Goong），由柠檬叶、泰国小红辣椒、鲜虾等烹制而成，酸辣可口；带着点丝丝辣意的泰式炒河粉，口感独特；辣椒与椰奶混搭的椰汤炖鸡（Tom Kha Kai），火辣与温和并存，诱人无比；还有青木瓜沙拉（Som Tum），堪称“泰国东北菜”，又酸又辣，爽口美味……泰国美食汇集东西方的饮食文化，融合成泰国特有的味道——酸、甜、咸、苦和辛辣和谐共存。不过，泰国佳肴并非真正的“辣”，“辛辣”二字更为恰当。

冬阴功汤

椰汤炖鸡

泰国的辣椒酱闻名遐迩，而辣椒鱼酱（Prik Nahm Pla或Nahm Pla Prik）的风味又别具一格。可以说这个酱替代了“盐和辣椒”，因此，在泰国的餐桌上是找不到盐和辣椒调味瓶的。制作这种酱的主材料是‘老鼠屎’辣椒，其他材料可根据个人口味来添加。

与泰国相比，菲律宾的菜肴并不算非常出名，但都少不了酸和辣的味道，且酸辣比例拿捏得恰到好处，直接俘虏了味蕾，让人胃口大开。Paksiw是菲律宾原住民的一种烹饪方式，意思是“在醋里煮和炖”。比如“Paksiw na isda”就是用辣椒和醋煮出来的鱼汤，只喝一口便觉得齿颊留香。这里的辣椒为当地的‘四棱巴哈马’辣椒，在当地被统称“塔加拉”辣椒。

印度尼西亚与马来西亚

印度尼西亚是一个痴爱辣椒的国家，任何食物中都会加入辣椒，甚至连甜点都不放过。当地著名的参巴酱（Sambal）就是由多种辣椒与其他酱料、大蒜、姜、柠檬汁、棕榈糖、米醋等混合而成，常用于炒饭、炒面或作为佐料。其中，辣椒的种类直接影响参巴酱的辛辣程度，常使用的品种有哈瓦那椒、卡宴椒或鸟眼椒。

马来西亚是一个多元化国家，众多民族和不同文化丰富了马来西亚的饮食，令其美食闻名遐迩，有着“美食天堂”的盛誉。在这里，有马来人、华人、印度人等，烹饪风格也丰富多样。当地气候炎热潮湿，人们习惯在食物中增添些辛辣来帮助排汗，因此辣椒是厨房里不可或缺的食材。当地人也常食用参巴酱，如参巴马来盏（Sambal Belacan），是由干虾膏、参巴酱和香料（蒜、干葱头、姜等）组成，具有独特辣爽感，让很多马来西亚人已经到了无它不欢的程度了。

椰浆饭

还有广受欢迎的椰浆饭（Nasi Lemak），又名“乌督饭”，是马来西亚的非正式国菜。在当地的文化根基里，“Nasi”是饭的意思，“Lemak”是脂肪的意思，意指椰浆。这种饭是由椰浆蒸煮而成，佐以咖喱鸡、牛肉或鱿鱼等，再配上参巴酱。工艺与酱料完美的结合使其味道香辣，令人赞不绝口，入齿难忘。

印度

自古以来，印度便以香料闻名天下，它也是印度菜的灵魂。在印度，甚至泡杯奶茶都要加点香料，因而有“香料之国”的美誉。与其他南亚国家一样，印度也处于炎热干燥的气候带，因此香料不但是该国食物的调味料，更是有着防止食物腐败变质的作用。一度认为印度美食以咖喱闻名，但不知印度菜被贴上了“咖喱”的标签也实属无奈，事实上印度并没有咖喱，更别提起源于印度了。那咖喱到底从何而来呢？

咖喱的英文为“curry”，正是英国人从印度南部的泰米尔语中得到灵感而发明了这个单词，并传遍了世界。其实，在印度，咖喱所描绘的食物大致可以理解为“多种香料的混合”，直白地说就是“大杂烩”的意思，被印度当地人称为“玛撒拉”（Masala）。印度拥有丰富的香料，如洋葱、豆蔻、肉桂、茴香、辣椒、姜黄、孜然、黑胡椒等，种类高达1 000多种，不同香料的混合会创造出不同的配方和味道。

可想而知，这样独特的美食并非由几种香料混合而成的咖喱一词可以诠释。

在素有“辣味之都”的印度，辣椒可是每个家庭厨房中的必备品，吃辣椒还不受年龄限制，从童年起就吃着母亲煮的辛辣食物，自然而然就形成了一种习惯。不过，印度的南方饮食比北方更辣一些。辣椒在印度语中被称为“Mirch”，红色的辣椒被称为“Lal”，常被制成干辣椒或辣椒粉使用，绿色的辣椒被称为“Hari”。如今，印度辣椒的生产和出口在世界排名前列，辣椒的品种也是五花八门。在印度南部，生长于卡纳塔克邦（Karnataka）的‘比亚吉’辣椒，深受人们喜爱，在当地、西南海岸的果阿邦（Goa）以及北部地区都被广泛食用。‘比亚吉’辣椒常用于制作“马拉萨盐”（Goda Masala），其磨成粉后，被称为“克什米尔辣椒粉”（Kashmiri Chili Powder），在当地，既可以被用来食用，又可以作为食品和化妆品中的着色剂。还有生长于印度的泰米尔纳德（Tamil Nadu）和安德拉（Andhra）的‘胖嘟嘟’辣椒。在泰米尔纳德，它的名字意为“胖辣椒”，果实形状如名，小而圆，且果皮光滑，几乎不辣，味道十分独特……

牛腩咖喱

韩国

韩国，亦是一个能吃辣爱吃辣还喜欢做酱的国家，最具代表性

韩国泡菜

石锅拌饭

辣炒年糕

的有鱼酱、大酱以及辣椒酱。韩国辣椒酱（Gochujang）是由梅曲（Meju）粉、糯米粉和红辣椒粉一起混合发酵而成。而梅曲来自发酵的大豆，是制作酱油（Kanjang）和大豆酱（Doenjang）等的主要材料。这与我国以高粱及小麦为原料制成的曲有着异曲同工之处。据说韩国的梅曲具有降低胆固醇的作用。辣椒酱应用于韩国料理十分广泛，最常见的有辣味炒年糕和石锅拌饭。

在韩国，不管多么奢华的宴会，餐桌上都少不了最受欢迎的泡菜。对韩国人来说，泡菜不仅仅是一道小菜，更是一种精神、一种文化的体现。在传统的家庭里，曾祖母传给祖母，祖母传给母亲，母亲传给儿媳或女儿……一坛泡菜传承了好几代人，使之充满了“妈妈的味道”。

2013年12月5日，韩国“越冬泡菜文化”正式列入联合国教科文组织人类非物质文化遗产代表作名录。泡菜的英文名为

“Kimchi”，中文名为“辛奇”，“辛”取义为辣味，而“奇”取义为独特。泡菜主要是由大白菜、白萝卜以及韩国红辣椒和大蒜等多种原料进行腌制、发酵而成。其实，韩国的泡菜中也体现着中国儒家文化的痕迹。《诗经·小雅·信南山》中有说，“中田有庐，疆场有瓜，是剥是菹，献之皇祖”，其中“菹”就是酸菜、腌菜的意思。传入到韩国的正是这种腌制的酸菜，而辣椒的增加，则起着去腥提味的作用，使泡菜风味绝佳。除此之外，辣椒的抗微生物性质还有助于乳酸的发酵。泡菜不仅含有丰富的膳食纤维和多种乳酸菌，而且还具有抗衰老、缓解癌症症状等作用，曾被美国《健康》杂志评为世界五大健康食物之一。泡菜的魅力不止于此，在韩国，经常可见一家人或邻居聚在一起腌制泡菜，这增强了人与人之间的情感纽带，成为韩国饮食文化的重要组成部分。泡菜还成为“外交”礼物，赠送他国，起着增进友好、促进团结的作用。可以说在韩国，泡菜的地位属于国宝级别。

中国

中国食辣历史悠久，博大精深，是个吃辣的大国！湖南人、四川人、贵州人嗜食辣椒天下闻名，几乎达到无辣不下饭的地步。中国八大名菜系中，川菜和湘菜占有两席，民间并称“姐妹花”。

湘菜，即湖南菜，是由湘江流域、洞庭湖区和湘西山区三种风味糅合而成，民间色彩极其浓厚。湘菜里辣味菜肴偏多，其口感鲜辣咸香，让人胃口大开，酣畅淋漓。湘菜主要靠辣椒和其他食材或佐料（豆豉、腊肉等原料）混合，它的特别之处，不仅是将辣椒进行加工处理（如剁椒），而且多元素的混搭，口感更加丰富！著名的“十大经典湘菜”中的干锅肥肠、剁椒鱼头、湘味毛血旺等，妇孺皆知，其

红彤彤的四川火锅

味道令人难以抗拒。其中，剁椒鱼头还是湘赣交界处的一道汉族传统名菜，以鱼头的“味鲜”和剁辣椒的“咸辣”为一体，风味独具一格。湘味毛血旺对川菜进行了改良，以鸭血为主料，采用水煮毛血旺的烹饪技巧，再以辣调味。“湘辣”不只体现在湘菜上，还体现在湘人的性格和精神中，即刚毅、威猛、坚韧。纵观历史上不少英雄人物和革命先辈的事迹，都能折射出这一点。

川菜起源于古代的巴国和蜀国，即如今的四川、重庆及周边地区。川菜材料丰富，味型多样，以麻辣鲜香为特色，又以一菜一味、百菜百味而闻名，至今已有两千多年的历史。清乾隆十四年（1749年）的《大邑县志》中最早记载了四川地区的辣椒，在这之前川人是不吃辣的。魏文帝曹丕《与朝臣诏》中说“蜀人作食，喜着饴蜜”，说明川人曾经喜欢甜食。可后来，辣椒火红的色彩照亮了川地的千家万户。

川菜品种繁多，据统计约有4 000余种，其中名菜有200多种。回锅肉、麻婆豆腐、鱼香肉丝、水煮肉片等就是经典的川菜。极受人们青睐的四川著名小吃——红油抄手，即辣油馄饨，主要采用辣油、酱油、香油和盐的绝妙组合搭配馄饨食用。此外，成都人将辣椒称作海椒，熟油海椒几乎家家户户都会制作，简单说来就是将油烧热之后浇入海椒面中，放凉后即成当地有名的调味料。四川当地有种辣椒名为泡辣椒，又称“鱼辣子”，就是它造就了名扬天下的四川泡菜，与韩国泡菜、欧洲泡菜并称“世界三大泡菜”。不仅如此，泡辣椒能调制出独特的鱼香味，使得菜中无鱼却有鱼香味，堪称一绝！此外，还有被誉为“川菜之魂”的四川郫县豆瓣酱，由豆瓣、食盐、辣椒等食材经过煮熟、发酵、日晒等多道传统技艺制作而成，再配上当地优越的水质和气候条件而形成，可以说是自然的馈赠。

说起中国的辣椒酱，还有个有趣的故事。大约在20年前某公司在美国推出一款限量销售的四川辣酱，风靡全美，可以说让美国人爱哭了。2017年10月，该公司为感恩粉丝，再一次限量销售，食客纷纷前来，但由于供不应求，导致食客示威游行，连警察都出动了，这也看出美国人“爱辣就要行动起来”的坚定信念。据说，这款陈年辣酱在网上竟以14 700美元的价格（近10万人民币）叫卖，导致爱辣人士疯狂至极。10万元在中国不知能买多少瓶辣椒酱了……

回锅肉

红油抄手

同样嗜辣的还有贵州人。贵州简称“黔”，贵州的辣椒则为“黔椒”。黔椒以遵义、花溪和毕节的最为出名，其中遵义辣椒最辣，花溪辣椒最香。至今，贵州种植辣椒已有300多年的历史，是中国传统的辣椒主产区。黔椒产业不仅在国内得到发展，更是风行天下。著名的“老干妈”辣椒酱就出自贵州遵义，热销于国内外市场。黔椒的烹饪方式也是五花八门，如辣椒粉是专为荤菜配蘸水的，剁碎的泡椒用于炒菜、炒饭，干辣椒专门用于煸炒……

人们普遍认为，爱吃辣椒的地区气候普遍潮湿，人们起初都是为了驱寒祛湿而食辣。可是在气候干燥的陕西，那里的人对辣椒也独具深情。陕西有名的油波辣子面，关键在油泼，一勺热油浇在辣椒面上，“刺啦”一声，辣沫泛起，辣香扑鼻而来，让人欲罢不能！

如今，吃辣的人遍布大江南北，辣椒永远是嗜辣人的终身伴侣。

辣椒节

不少国家以辣椒为主题，开展一系列的活动，不仅传承和丰富了各国饮食文化，而且让辣椒文化影响着一代又一代的人，最有名的当属各地的“辣椒节”。一般来说，辣椒节的活动内容主要分为展示、比赛和品尝环节。在辣椒节上，无论“辣菜”“辣酱”“辣酒”，或是新奇百怪的“辣饮料”，都使得人们激动不已，趋之若鹜。

美国

在美国，辣椒节历史悠久，辣椒也已经从食物升级到了文化高度。

首屈一指的要数特灵瓜辣椒烹饪锦标赛和国际辣椒鉴赏协会的辣椒锦标赛，这也是美国最具影响力的辣椒节。每年三四月，在纽约曼哈顿中心都会举办辣椒酱博览会（New York Hot Sauce Expo），许多供应商会参与展览和比赛，展会上的辣椒酱比赛尤其让人充满期待，比赛结束后还会评选出“令人尖叫的Mi Mi辣酱奖”（Screaming Mi Mi Hot Sauce Award）。

在佛蒙特州米德尔伯里（Middlebury）的市中心，每年3月都会举办佛蒙特辣椒节（Vermont Chili Festival），到2017年3月已是第九届了。在这一天，街道会被封锁，不论是高级餐厅、普通餐厅还是小商摊，到处都是含有辣椒的食物，人们在寒风凛冽的冬天品辣椒，聊辣椒，为萧条的冬季增添了一份火辣。在新墨西哥州哈奇市，热火朝天的哈奇辣椒节（Hatch Valley Chile Festival）有着规模盛大的辣椒嘉年华。全美辣椒研究专家都要相聚于此，参加各项活动，如优秀辣椒品种的评选、辣椒烹饪比赛、最美味的辣菜，还有辣椒油、辣椒酒等加工制品的评选等，甚至还有选举“辣椒女王”的节目，丰富的活动让美国人乐趣无穷。

辣椒比赛场景图

英国

每年的8～9月初，英国的辣椒节接踵而至。最有名的是在布里斯托尔（Bristol）举办的“阿普顿切尼辣椒节”（Upton Cheyney Chili Festival）。该辣椒节原本是在一个小农场里举办，如今因广受欢迎而迅速扩大规模。在这一天，除了必看的吃辣椒比赛，还有品尝形形色色的辣椒和辣椒烧烤，伴随着威尔士山（Welsh Mountains）的美景，令人心神皆醉。

在英格兰西南小镇克利夫顿，每年都会举行克利夫顿辣椒俱乐部辣椒比赛（Clifton Chili Club's Chili-eating Competition）。由于那些参赛的辣椒都精选于世界最辣的辣椒品种，比如印度鬼椒、'卡罗莱纳死神'辣椒等，可挑战味蕾极限，足以让全场沸腾，这既让参赛选手吃的过瘾，也让观众们群情鼎沸。同时，英国最大的"辣椒俱乐部电视台"也对此给予了支持。

意大利

每年9月，在意大利迪亚曼蒂（Diamante）的沿海城镇会举办整整5天的意大利辣椒节（Peperoncino Festival），至今已举办了24届。

意大利辣椒节由当地辣椒研究会承办，每年都吸引着十多万的游客。在辣椒节上，除了展示500多个辣椒品种，还有辣椒加工坊、吃辣椒比赛、品尝辣椒、了解辣椒美食等节目，甚至还会编制长达200米的辣椒花环，这也是目前世界上最长的辣椒花环。在离迪亚曼泰不远处的马伊埃拉（Maierà），还可以一睹著名的辣椒博物馆，馆内展示了意大利辣椒在意大利南部大区卡拉布里亚（Calabria）的起源、进化及发展的历史进程。

澳大利亚

在澳大利亚弗里曼特尔，每年都会举行为期两天盛大的弗里曼特尔辣椒节（Live Lighter Araluen’s Fremantle Chilli Festival）。100多个摊位上展示着以辣椒为主题的食物，包括鲜辣椒、腌制辣椒、辣椒巧克力、辣椒啤酒和辣椒葡萄酒等，还有名厨现场示范烹饪包含各种辣椒品种的美食。弗里曼特尔辣椒节塑造了澳大利亚本土的火红文化，也让人们对辣椒有了更多的追求和钟爱。此外，在堪培拉举办的辣椒比赛也是人山人海。

印度

在印度，每年冬天，当地人都会不约而同地相聚那迦辣王争霸赛（Naga King Chili-Eating Competition）现场。没错，比赛吃的辣椒正是名副其实的‘那迦’辣椒，在安加米语中被称为“Kedi Chüsi”或“Chüdi”，意思是“辣椒之王”。这个印度本土辣椒品种的辣度在1 500 000 SHU以上，是我们平时炒菜用的红椒的几万倍，可想而知‘那迦’辣椒的惊人辣味。不仅如此，比赛规则以盘计算，一盘50克，在20秒内吃得最多的人获胜，并要求参赛选手每放入嘴中的辣椒至少要咀嚼3次。看来，想赢得冠军相当艰难。除此之外，印度鬼椒也是印度的特色辣椒之一，鬼椒比赛也是必不可少的。

中国

我国也有辣椒节。云南省丘北县被称为“中国辣椒之乡”，有悠久的辣椒种植历史，每年都会举行丘北辣椒研讨会以及辣椒商展、辣椒劳动技能比赛等活动。通过市场化运作，展现当地多姿多彩的民族文化，吸引更多企业和民众参与，提升辣椒节知名度的同时也推动了丘北辣椒产业的发展。不过，我国的辣椒节以博览会形式居多，比如四川彭州、湖南长沙等地，对于当地而言，辣椒博览会可加大辣椒生产、提高辣椒质量、扩大辣椒消费、增加辣椒出口、确保辣椒食品安全等一系列产业发展。2016年在贵州遵义召开了首届辣椒国际博览会。贵州的辣椒远近闻名，而此次博览会同样也是为了展示贵州丰富独特的辣椒品种资源和辣椒加工制品，搭建产销平台，举办辣椒研讨会等促进交流和贸易，加大遵义辣椒产业的发展。

椒串文化

椒串，即辣椒用线串成的果串，是一种保存辣椒的传统方式。辣椒成熟后，人们将其串成串，悬挂在通风的屋檐下，等水分蒸发后就变成了我们生活中常见的干辣椒。这样的椒串可以保存两年。最普遍的椒串形式就是线条形和圆环形两种，中国的椒串多以红色辣椒为主。

椒串起源于西方，名为“Chili Ristra”，而“Ristra”西语意为“串”。无论在哪个国家，椒串都有美好的寓意。在新墨西哥有个古老的传说，原住民把辣椒挂在他们的独木舟上，用来驱赶邪恶。在中国，同样也有辟邪的寓意。在保加利亚，新年来临之际，孩子们会举着亲手做的“迎春棒*”到各家串门，用它轻轻敲击人们的后背，嘴里还唱着代代相传的小曲，给亲朋好友带来好运。此外，很多地方的椒串还暗藏隐语，若在家门口挂上几串椒串，这就表示“欢迎您来我家做客”。一串串椒串还能代表新的一年红红火火，来年丰收的好兆头……

除了在家中自制椒串，在农贸市场或路边摊也能看到各式各样的椒串。尤其在果实丰收的秋季，小摊位上摆放着各种鲜辣椒和干辣

* 迎春棒是指用红白两色羊毛线将几根树枝缠绕起来做成的“权杖”，再挂上干辣椒、爆米花和玉米粒，用金币、面包干和各色种子加以点缀。

椒，以及创造出的别出新意的彩色椒串，让人大开眼界。有用红色辣椒串成不同形状的椒串，如线条形、花环形、心形和十字形；也有颜色和形状混搭的椒串；还有辣椒与干花、蔬菜、果实等混搭的椒串。看到如此用心的椒串，你也不得不停下脚步，来欣赏这平凡到惊艳的作品。

椒串

辣椒调味品

辣椒酱在19世纪出现。1807年，第一个商业化辣椒酱出现在美国马萨诸塞州，不久又有了鸟眼椒酱（Bird Pepper Sauce）、塔巴斯科辣椒酱（Tabasco Sauce）……辣椒酱具有独特风味，它的出现使得辣椒产业的发展蒸蒸日上，各种品牌的辣椒酱公司拔地而起。

辣椒酱主要以辣椒为基础原料，再加入各种调味料，比如花椒、食盐、茴香、食醋等，并根据一定配比和加工工艺制作。有些辣椒酱会额外加入豆类、香菇、番茄、牛肉、鸡肉等制品。国外市场上最有名的辣椒酱有“亨氏辣椒酱”（Heinz Chili Sauce）、“汇丰辣椒酱”（Huy Fung Sriracha Hot Chili Sauce）、“德州皮特辣椒酱”（Texas Pete Chili Sauce）、“弗兰克卡宴辣椒酱”（Frank's Red Hot Original Cayenne Pepper Sauce）、“塔巴斯科辣椒酱”等。其中“塔巴斯科辣椒酱”就是由‘塔巴斯科’辣椒制作而成。而国内市场上常见的辣椒酱有“老干妈辣椒酱”、“李锦记蒜蓉辣椒酱”、“海南特辣黄灯笼辣椒酱”等。辣椒酱的辣味可促进唾液分泌，让人食欲大增，已被很多人当作佐饭的必备品。

辣椒油，是辣椒传统生产加工中重要的产品，也是烹饪中必不可少的调味料。国内市场上常见的辣椒油主要有“李锦记辣酱油”和“老干妈辣酱油”。国外辣酱油品种较少，“辣椒嘴牌辣酱油”（Chili Beak Hot Chili Oil）是其中一个品牌，这款辣酱油有两种口味，其中一种是以哈瓦那辣椒为原料制作而成。由于美食文化的不同，西方人更为偏爱辣椒橄榄油，比如“曼托瓦辣椒有机特级初榨橄榄油”（Mantova Chili Organic Extra Virgin Olive Oil）、“莫尼尼特级辣椒初榨油”（Monini Flavored Extra Virgin Olive Oil）、“巴克洛地辣椒橄榄油”（Baklouti Green Chili Olive Oil）等，其中“巴克洛地辣椒橄榄油”系选用的是突尼斯‘巴克洛地’辣椒。

最后是干辣椒磨成的辣椒粉。国内常见的辣椒粉有“味好美辣椒粉”、“吉得利辣椒粉”，此外，各地也会有当地特色的辣椒粉。国外辣椒粉分为两种，一种由干红甜椒研磨而成，味道香甜，人们称其为“paprika”，而制成paprika最早的辣椒就是匈牙利辣椒（Hungarian Pepper）。著名品牌有“印第安山农场甜辣椒粉”（Hoosier Hill Farm Gourmet Hungarian Paprika）、“匈牙利甜辣椒粉”（Hungarian Paprika）、“味好美甜辣椒粉”（McCormick Paprika）等。另一种辣椒粉以红辣椒为主，口味较辣，并混合其他粉末状的香料或添加剂，比如有孜然、牛至、大蒜、盐、黑胡椒、肉桂、丁香、肉豆蔻等。常见的品牌有“味好美辣椒粉”（McCormick Chili Powder）、“格布哈特辣椒粉”（Gebhardt Chili Powder）、“安可辣椒粉”（Ancho Chile Powder）等。一般来说，国外的这种辣椒粉常用‘阿纳海姆’辣椒和‘宽椒’辣椒等品种制作。

第二部分

辣椒的分类

什么是辣椒

前面说了那么多辣椒，那么辣椒究竟是什么东西？

辣椒有广狭两义。广义的辣椒为茄科（Solanaceae）辣椒属（*Capsicum*）的一年生或多年生草本植物，共有约35个野生种和栽培种。常见的栽培辣椒主要为5种，即辣椒（*Capsicum annuum*）、黄灯笼辣椒（*Capsicum chinense*）、灌木状辣椒（*Capsicum frutescens*，也叫小米椒）、浆果状辣椒（*Capsicum baccatum*，也叫风铃辣椒）和绒毛辣椒（*Capsicum pubescens*）。狭义的辣椒就只指*Capsicum annuum*这个种，它是全球栽培范围最广、品种最多的种，也是传入中国最早、在中国栽培最广泛的种。为了区分广义和狭义的辣椒，有人建议为*Capsicum annuum*这个种另起名“一年生辣椒”（“一年生”也即种加词*annuum*的意译），而把“辣椒”作为辣椒类作物甚至全部辣椒属植物的统称，但这和植物分类学界的传统相背。本章采用了另一种处理，把“辣椒”作为*Capsicum annuum*的专名，所有的栽培辣椒属植物及其品种则统称“辣椒类作物”。

辣椒属所在的茄科是种类极多的大科，全世界大约有3 000余种，分布于温带及热带地区，但以美洲热带地区种类最为丰富，辣椒属植物也主要分布于此。茄科植物多为草本或灌木，有时具刺；花单生或组成各种聚伞花序；花萼、花冠、雄蕊通常为5数，其中花冠合生，形状为辐射状、漏斗状或钟状；果实多为浆果，但也有不少为干燥开裂的干果。

“茄科”这个名称以及上述提及的植物学专业描述似乎让人觉得有些陌生，但一提到东北菜肴“地三鲜”的主要原料，即“茄科三杰”——马铃薯、番茄和茄子，大家便会觉得十分亲切了，它们都是茄科大家族里的常见食用蔬菜，而矮牵牛（*Petunia* × *hybrida*）、珊瑚豆（*Solanum pseudocapsicum* var. *diflorum*）、曼陀罗（*Datura* spp.）、花烟草（*Nicotiana alata*）等则是茄科中的观赏植物。其中，花色艳丽妖娆的曼陀罗（*Datura stramonium*），全株具有一定毒性，但在医学上可以治疗多种疾病，古代就常被用于麻醉。此外，茄科中的“黑暗系”——烟草（*Nicotiana tabacum*），不仅是全世界畅销的消费品，还是全球产量最大的有毒嗜好品，在意识到它造成的严重健康危害之后，人们至今仍然深陷在禁烟的苦战之中。

茄科植物中，辣椒属天生拥有刺激性的生物碱——辣椒素（capsaicin），包括人类在内的哺乳动物都能感受到这种强烈的灼烧感。然而，原本是进化后以抵御果实遭到哺乳类啃食的辣椒素，最后反而让人类深深地爱上了这种感觉而不能自拔。这些神奇植物的发现，最终影响了全世界的饮食。

辣椒素的进化

在野外，许多植物具有鲜艳的果实，吸引鸟儿等动物来品尝。动物可以填饱肚子，而植物可以通过动物传播种子，达成互帮互助的目的。有些植物的果实外壳带刺（如榴莲）或果实具有苦涩的味道，甚至有些果实有毒，这恰恰是植物自我保护的一种策略，目的是保护种子不被吃掉。当然，辣椒类植物也想“延续香火”，可是，它们不像蒲公英一般，让种子随风飘荡传播；也不像苍耳的带钩果实，挂在路过的动物毛发上到处游走。辣椒类植物是像樱桃、苹果那样，通过“贿赂”的方式，让鸟类食用果实中的糖和脂质，在鸟类吃掉它们

白头鹎食辣椒

的果实之后，在其他地点排泄出没有消化的种子，无意中帮助种子散播。

辣椒的果实竟然由鸟儿来传播，乍一看是很奇怪的事情——难道鸟儿不怕辣吗？原来，鸟儿根本尝不出辣味。辣椒的辣味来自其中所含的一种叫辣椒素的成分。对于包括人在内的哺乳动物来说，辣椒素是一种刺激性物质，会使舌头和消化道等其他地方产生灼烧的感觉，所以很多哺乳动物都不以辣椒为食物。但鸟类不同，它们的舌头和消化道等地方没有能和辣椒素结合的受体，所以不会被辣椒素刺激。于是，辣椒果在鸟儿的眼中就是一种美味的水果。

可以看出，鸟儿得到了“满足”，但它们又是如何帮助辣椒在野外生长的呢？鸟儿是个“直肠子”——它们的肠道很短，肠道后端和泄殖腔相连，吃完果实后可以随时把未能消化的部分排出体外。在哺乳类、鸟类、爬行类、两栖类、鱼类等脊椎动物中，鸟儿的消化系统相对短于其他动物，而较短的消化系统也帮助鸟儿减轻体重。据生物学博士弗里克（E. Fricke）研究发现，由于第二次世界大战后引入了捕食性蛇，使得关岛（the Island of Guam）失去了很多原生鸟类种群，因而与其他地点如马里亚纳群岛（Mariana Islands）相比，关岛的辣椒种群数量低得多。关岛的小鸟竟会对辣椒植物有这样明显的影响，这足以说明了鸟类与辣椒之间的互利关系，也进一步说明它们之间关系的重要性。不仅如此，他们在研究中还发现，肠道将种子从辣椒植物的果肉中分离出来后，种子可能吸收了肠道中的水分或养分，因而相比自然落在地上的种子，通过肠道排出的种子反而能提高其发芽率。

鸟儿飞得越远，种子便传播得越远。最有可能帮助传播辣椒种子的是那些具有迁徙行为的鸟类，它们由于气候、温度、食物等多种原因，沿着南北走向的途径迁徙，而沿东西走向路径迁徙的则很少。全球候鸟迁徙有八大路线，即东大西洋迁徙线路、黑海—地中海迁徙线路、东非—西亚迁徙线路、中亚迁徙线路、东亚—澳大利亚迁徙线路、美洲—太平洋迁徙线路、美洲—密西西比迁徙线路和美洲—大西洋迁徙线路。野生辣椒主要集中在墨西哥、秘鲁、亚马孙、玻利维亚等国，帮助传播辣椒的鸟类迁徙主要路径可能是美洲—太平洋迁徙线路、美洲—密西西比迁徙线路和美洲—大西洋线路。如今我们吃的辣椒是哥伦布的功劳，但也有不少地方发现的野生辣椒可能是通过鸟儿传播开来的。

帮助辣椒传播的鸟类迁徙主要线路图

① 美洲—太平洋迁徙线路；

② 美洲—密西西比迁徙线路；

③ 美洲—大西洋迁徙线路。

早期辣椒分类史

林奈

在1753年以前的漫长岁月里，辣椒类植物的分类十分模糊，没有人能清楚地知道这类植物的“家庭结构”和成员之间的关系。不过，也有一些科学家试图对辣椒类植物进行分类，比如1699年出版的莫里森（Morison）的《牛津植物通志》（*Plantarum Historiae Universalis Oxoniensis*）就把辣椒类植物分为33种；1700年，图内福尔（Tournefort）命名了辣椒属的名称为*Capsicum*，并把全属分为27个种，这一属名后来被“植物学之父”林奈沿用。

1753年，林奈将之前发表的所有辣椒物种归并为两个种：辣椒（*Capsicum annuum*）和灌木状辣椒（*Capsicum frutescens*）。1767年，他又发表了两个野生辣椒种——浆果状辣椒（*Capsicum baccatum*）和菜椒（*Capsicum grossum*），并将其加入辣椒分类系统中。随后，拉兹（Ruziz）、帕翁（Pavon）及维尔登诺（Willdenow）又分别发现了绒毛辣椒（*Capsicum pubescens*）和垂花浆果状辣椒（*Capsicum baccatum* var. *pendulum*）。

19世纪是现代自然科技最终成形的重要时期。各种工业如电力工业、化学工业开始出现，发电机、电灯、电报等相继问世；生物学也蓬勃发展起来，达尔文发表了享誉世界的进化论。与此同时，辣椒属也得到了进一步的分类。1852年，杜纳尔（Dunal）列出了辣椒属50个种和11个种下等级分类群；到19世纪末，辣椒属又进一步被分为90个种。虽然辣椒属的种变得越来越多，但在那时，仅就栽培的辣椒类作物而言，美国密苏里植物园的分类学家爱理什（H. Irish）仍然只认可林奈最初提出的两个种的辣椒分类。

1923年，对于林奈“两个种”的理论，贝利（L. H. Bailey）提出了不同的观点。他认为辣椒在热带地区本就是多年生的植物，如果将其种植在如温室这般温暖的环境中，辣椒也表现为多年生，因此他认为辣椒和灌木状辣椒其实是同一个种，全部辣椒类作物应该统一归为一个种——辣椒（*Capsicum annuum*），这便是“一个种”（one-species）的理论。在当时，有一部分人赞同贝利的这种分类观点，但另一部分人却反对，这让当时辣椒类作物的分类产生了很大分歧。

辣椒栽培种系

到了1953年，海泽（Heiser）和史密斯（Smith）将辣椒类作物重新分类为辣椒、浆果状辣椒、灌木状辣椒和绒毛辣椒4个种。4年后（1957年），他们又将黄灯笼辣椒（*Capsicum chinense*）也加入其中。现在的辣椒属包括35个野生种和栽培种，其中，最为常见的5个栽培种是辣椒、浆果状辣椒、灌木状辣椒、绒毛辣椒和黄灯笼辣椒。对中国而言，最常见的辣椒类作物是辣椒、黄灯笼辣椒和灌木状辣椒，而浆果状辣椒和绒毛辣椒多数在拉丁美洲栽培。

辣椒是最早被驯化的野生种，原生辣椒的味道不是很辣，这也是人们早期能接受它的原因。如今很多常见品种都是由它演化而来，比如卡宴辣椒（Cayenne Pepper）、巴布兰诺辣椒（Poblano Pepper）、山地干辣椒、墨西哥辣椒（Jalapeno）、埃塞俄比亚棕色辣椒（Ethiopian Brown Pepper）等，这些辣椒也成为栽培品种中的主力军。辣椒原产地在墨西哥和中美洲，属热带气候，但经过长时间的驯化之后，现在也能适应在亚热带或温带气候中种植。辣椒种的花冠本为白色，且没有一点斑驳，但在栽培品种中却有两种花冠颜色：紫色及白色中镶嵌紫色。

辣椒的品种甚多，比如我们生活中常见的菜椒，也叫“灯笼椒”、“甜椒”、“柿子椒”，其中果皮绿色的品种又叫“青椒”，不但不辣，反而略带甜味并伴有清香，烹饪时常与肉类或其他蔬菜搭配在一起，

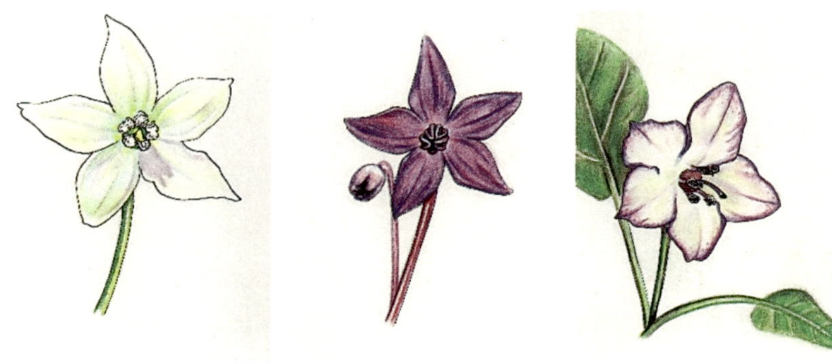

辣椒的花冠：白色、紫色和白色镶嵌着紫色

受到各年龄段人群的青睐。它曾由林奈独立为种*Capsicum grossum*，现在分类学上有时也仍然独立为辣椒的一个变种（*Capsicum annuum* var. *grossum*），但一般是作为辣椒的品种群（grossum group）。品种群是人为定义的，隶属于种下面的分级，品种群内的品种没有遗传性。在同一个种内，可以分为多个品种群，而每个品种群内聚集了相似性的多个品种。当然由于相似性，一个植物品种可以同属于两个品种群。

比如，我们生活中常见的樱桃椒（五色椒）属于辣椒的品种群Cerasiforme Group，牛角椒（长甜椒）属于品种群Longum Group。不过，果实小、味道辣的朝天椒却比较特殊。朝天椒属于品种群Conoides Group，但有时也被当作变种（var. *conoides*）处理。以上说的都是通过辣椒特征的相似性来归类各种品种群，然而在广泛应用中，我们以栽培品种来归类，全世界以菜椒为经典，其次是卡宴辣椒和墨西哥辣椒，这也是栽培品种中最有名的三大品种群。

黄灯笼辣椒原产于亚马孙地区。最古老的黄灯笼辣椒果实是在秘鲁的一个6500年前的山洞里被发现的。1768年，这个种第一次在米勒（P. Miller）的《园艺词典》里被提到，当时被定义为*Capsicum angulosum*，说它是来自西印度群岛的辣椒，叶皱且果实似苏格兰帽形状。1776年，荷兰医师雅坎（N. von Jacquin）在加勒比海收集到该植物，他认为中国是它的故乡，因此将其命名为“中华辣椒”（*Capsicum chinense*）。其实这根本不是中国种，雅坎也从未来过中国收集植物，这是最有力的证据。虽然也可以假设该种因中国劳工贸易而流入西印度群岛，但这也是不能成立的，因为中国第一批劳工是在19世纪初才到达那里，所以雅坎这样命名肯定是错误的。正如前文所述，虽然学名一旦命名就不能更改，但正确中文名是可以避免谬误继续流传的。本书因此不用“中华辣椒”一名，而改为“黄灯笼辣椒”，因为在海南，“黄灯笼”是一个著名的地方品种，而它正是本种的栽培品种。

黄灯笼辣椒栽培现多集中在加勒比、墨西哥和安第斯山脉以东的这些地区。受原产地气候的影响，黄灯笼辣椒喜热带气候或亚热带气候，在现在亚洲的南部和东南地区栽培都比较多。虽然黄灯笼辣椒被认为是一个纯粹的栽培驯化种，但它比任何其他栽培驯化的辣椒都更接近于野生辣椒。黄灯笼辣椒的花冠有3种颜色：白色、白色带有淡紫色斑点和淡绿色并带有极其显眼的紫色花药。在绽放优雅的花朵后，它的果实却十分辛辣，那味道会灼烧舌头和喉咙，使人久久难忘。

黄灯笼辣椒有不少品种，包括国外的‘达蒂尔’辣椒、‘巧克力哈瓦那’辣椒、‘橙色哈瓦那’辣椒、‘苏格兰黄帽’辣椒等。海南岛的黄灯笼辣椒则是中国本土驯化的品种，这个品种名也因此成为它的种名。

草本植物是指木质部不发达，含木质化细胞少，支持力弱的一年

黄灯笼辣椒花冠的不同颜色，分别为白色、白色带有淡紫色斑点和淡绿色

生、二年生或多年生的植物。亚灌木是接近于灌木的草本植物，具有灌木的特征。与草本植物相对应的概念是木本植物，即乔木、灌木。其中，小灌木是较小的灌木。

灌木状辣椒（*Capsicum frutescens*）与辣椒非常相似，原产地也在墨西哥和中美洲，区别仅仅在于它们是小灌木，一个节上通常有两朵花、结两个果实，而一般的辣椒通常为草本或亚灌木，一个节上通常只有一朵花、结一个果实。植物学界曾普遍主张把它们作为和辣椒不同的种看待，但今天很多人却认为应该把它们和辣椒合成一个种。本书仍将其独立为一个种。

灌木状辣椒的品种有‘塔巴斯科’辣椒、‘非洲鸟眼’辣椒、朝天椒以及小米椒等。其中，朝天椒品种有个奇特的生长现象——花冠裂片尖端向后翻卷，似张牙舞爪，花与花梗形成锐角，但结果后，花梗却像魔术般变直立了。

原产于玻利维亚和秘鲁的浆果状辣椒（*Capsicum baccatum*），在南美洲常被称为“阿希”（ají），也就是辣椒的意思。浆果状辣椒有着白色的花冠，并带有淡绿色斑驳，不同品种斑驳不一，这使得浆果状辣椒的花带有一股小清新的气息。此外，浆果状辣椒的花瓣有五花瓣和六花瓣，花瓣有深裂，也有浅裂。浆果状辣椒的原变种（*Capsicum*

灌木状辣椒花冠的形态，花与花梗形成锐角（左图），
以及花冠翻卷（中图）和果实的直立型（右图）

baccatum var. *baccatum*）为野生型，但也有‘乌阿希’辣椒等栽培品种；其栽培变种南美辣椒（*Capsicum baccatum* var. *pendulum*）的品种很多，果实色彩丰富，形状不一，辣度中等，口味甜而多汁，是辣椒界中最具风味的辣椒，在玻利维亚和秘鲁的美食中被广泛使用。‘樱红阿希’辣椒、‘秘鲁黄阿希’辣椒、‘玻利维亚长阿希’辣椒、‘圣诞铃’辣椒等都是南美辣椒的常见栽培品种。

脐果辣椒（*Capsicum baccatum* var. *umbilicum*）是浆果状辣椒的另一个变种，其果实形状奇特，表面有5个突起的角。其中最有名的品种叫‘主教冠’辣椒（俗称风铃椒或飞碟椒），在全世界广泛作为观赏植物栽培。

绒毛辣椒（*Capsicum pubescens*）是辣椒类作物5个栽培种中的最后一种，来源于秘鲁的安第斯山脉，在几千年前已被印加人栽培。与其他栽培种不同，绒毛辣椒植株有短柔毛，花瓣呈紫色，种子呈黑色。不过，这个种里面也有一些形态独特的品种，比如‘罗科托圣伊西德罗’辣椒和‘苏卡尼亚’辣椒，它们的花几乎是白色的。绒毛辣椒由于野生居群稀少，相关信息也较少。在其栽培品种中，‘罗科托’辣椒最具特色，它生长在玻利维亚和阿根廷，在玻利维亚被称为*Locoto*，以果实形似小苹果而得名。而‘罗科皮卡’辣椒是由‘罗科

浆果状辣椒的白色花冠

a、b、e、f为浆果状辣椒不同形态的花冠图；

c、d、g、h为分别与a、b、e、f相对应的手绘细节图。

托’辣椒和野生的沙参花辣椒杂交而来，为较为稀少的品种，具有紫色的花序和亮红色果实，味道十分辛辣。

1979—1983年，科学家进行了辣椒属的酶研究，试图对辣椒属进行更科学的分类。基于酶数据的标准遗传与花色分类的比较，1982年，麦克劳德（McLeod）绘制出第一个辣椒属树状图（即辣椒属分类图），其中主要有辣椒复合群、浆果状辣椒复合群、紫绿花辣椒复合群和未分组的多花辣椒。可以看出，这个辣椒分类系统已经分离出了类似亚属的类群了。

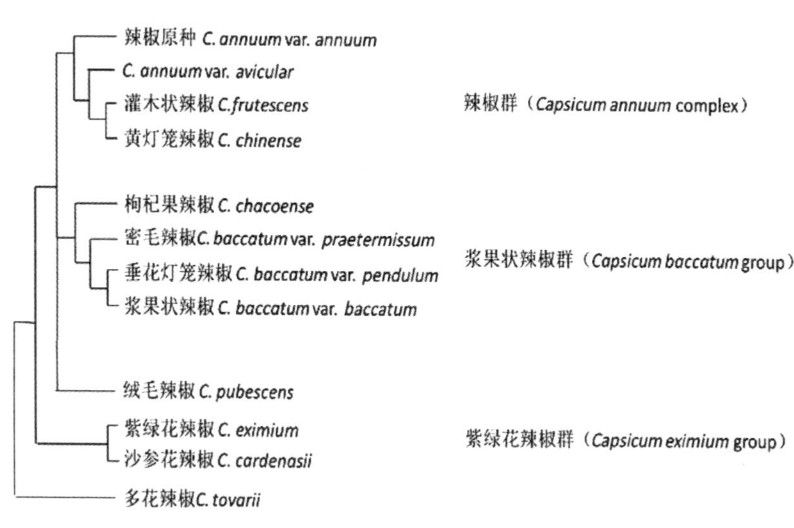

辣椒属树状图

辣椒分类基本形成

基于辣椒属树状图，麦克劳德等人又进一步研究了每个种的其他特征（比如地理范围、驯化起源地等信息），于是又将它们归类为四个类群——黄裙椒群（ciliatum group）、紫绿花辣椒群（eximium group）、浆果状辣椒群（baccatum group）和辣椒群（annuum group），剩余两个种归于未定群里。

黄裙椒群中的黄裙椒（*Capsicum ciliatum*，现为*Capsicum rhomboideum*的异名）是辣椒属中最有争议的一个物种。作为该群的唯一种，它在遗传上与其他种有很大不同，因而与其他辣椒关系都不怎么相近，属于非比寻常的野生辣椒属植物。埃希巴赫（Eshbaugh）在进一步研究后，认为黄裙椒与多花辣椒（*Capsicum tovarii*）关系很近。黄裙椒主要分布于墨西哥南部到秘鲁北部，有着短柔毛茎和黄色花冠，果实微小，红色球形（直径小于1 cm），果实不含辣椒素。由于黄裙椒极为稀有，与“典型”的辣椒属成员又差别很大，因此在辣椒属的种列表中长期被忽略。在2001年对黄裙椒群所做的重新研究中，由于*Capsicum rhomboideum*与*Capsicum ciliatum*有相同的分布地，没有明显的形态差异，这两个种被合并，黄裙椒改用前一学名。

紫绿花辣椒群由紫绿花辣椒和沙参花辣椒组成，它们的关系非常近，两者的后代是辣椒属中唯一高产的种类。它们的花都有紫色的花冠，且花冠的基部有淡绿色斑块，与其他类群明显不同。这两个种的

紫绿花辣椒

辣椒都分布于干旱地区，果实较小（直径小于1 cm），且为红色的球形。

浆果状辣椒群来源于玻利维亚干燥的低海拔环境，包括浆果状辣椒和枸杞果辣椒。这个群的种没有统一的形态特征。枸杞果辣椒分布于阿根廷、玻利维亚、巴西、秘鲁和巴拉圭。它与辣椒类作物彼此关系密切，甚至可相互杂交。枸杞果辣椒的形态差异较大，有植株较大且蔓延生长的灌木，也有植株较高且分支较少的乔木状植物。枸杞果辣椒的叶子缺乏光泽，且无锯齿，几乎为心形，与其他辣椒相比更易识别。枸杞果辣椒的花微小，果实呈子弹状，相比其他野生种，果实较大，易掉落。

辣椒群包括辣椒、黄灯笼辣椒、灌木状辣椒和加拉帕戈斯辣椒4个种。辣椒群中各种辣椒的果实形态变化多样，尤其是果实形状、颜色和大小，还有叶和茎的短柔毛也有变异，可从无毛到有极短柔毛；花序有从单个节点到七个花节的变化；花萼也可从长且绿色的萼片到

加拉帕戈斯辣椒

截形萼片到尖状突起；花冠从轮状到罕见的钟形，且不同种的色调也不同。其中，加拉帕戈斯辣椒具有特殊的形态，这与当地的气候密切相关。加拉帕戈斯辣椒特产于东太平洋的加拉帕戈斯群岛，植株有浓密的银白色毛，花冠白色，上面带有一点淡黄色，果实个头较小（直径小于1 cm），呈球形。该群中的其他三个种将在后文介绍。

最后两个种是多花辣椒和绒毛辣椒，由于在辣椒属内没有找到合适的群而流离在群外。它们都是在安第斯山脉发现的种。多花辣椒的花冠为奶油色，有时花瓣边缘带点紫色，且每枚花瓣的基部都有黄色的斑点，果实为红色，球形，个头较小（直径小于1 cm）。绒毛辣椒有着紫色花冠，有时呈奶油色而带有紫色边缘，它的球形果实明显大一些。

多花辣椒

辣椒群信息表

群 名	种中文名	种学名	地理分布	起 源
黄裙椒群	黄裙椒	*C. rhomboideum* (*C. ciliatum*)	墨西哥南部到秘鲁北部	
紫绿花辣椒群	紫绿花辣椒	*C. eximium*	玻利维亚和阿根廷的北部	
紫绿花辣椒群	沙参花辣椒	*C. cardenasii*	玻利维亚	拉巴斯
浆果状辣椒群	浆果状辣椒	*C. baccatum*	南美洲的西北部到阿根廷的北部	
	枸杞果辣椒	*C. chacoense*	阿根廷，玻利维亚，巴拉圭，巴西，秘鲁	
辣椒群	辣椒	*C. annuum*	美国南部到秘鲁北部，玻利维亚和印度西部	中美洲
	黄灯笼辣椒	*C. chinense*	中美洲，加勒比和南美洲中部	亚马孙盆地
	灌木状辣椒	*C. frutescens*	墨西哥，中美洲，加勒比和南美洲的北部	亚马孙盆地
	加拉帕戈斯辣椒	*C. galapagoense*	加拉帕戈斯群岛（厄瓜多尔）	
未定群	多花辣椒	*C. tovarii*	秘鲁	阿亚库乔
	绒毛辣椒	*C. pubescens*	安第斯山脉	

注：表中列出了分组的四个类群和未定群，以及其种中文名、地理分布和起源；C.为Capsicum的缩写。

辣椒分类的完善

然而，上述的麦克劳德系统中只包括了辣椒属的一部分种，有些新发现的种因为当时还在研究，而未被列入这一分类中。在此之后，植物学家继续鉴定出了先前未知的辣椒属物种，如加拉帕戈斯辣椒（1958年）、多花辣椒（1983年）、密毛辣椒等，让辣椒属的队伍不断扩大。由于辣椒属种数不断增加，植物学家曾一度认为全世界有多达100个种。然而，其中有些种研究很少，很多种名也不再被认可和接受。目前，一般认为辣椒属有35～38种，至少2 000个品种。

2016年，阿根廷科学家加西亚（C. C. García）和她的团队针对辣椒系统发育、多样化和演化等方面进行了分析和研究。她们通过研究辣椒果实辛辣程度、果实颜色、种子颜色、花萼、染色体基数等各方面的特征，将整个辣椒属共分为11个分支，分别为安第斯山分支、紫梗分支、皱冠分支、玻利维亚分支、长齿分支、大西洋森林分支、紫色花冠分支、绒毛分支、多花分支、浆果状分支和辣椒分支。其中，皱冠分支、长齿分支、绒毛分支和多花分支均仅含1种。这是目前辣椒属最新、最全面的分类系统。

安第斯山分支主要分布于安第斯山西部到南美洲西北部以及中美洲地区。1961年，亨齐克（Hunziker）就提出了这个分支，并发现了其中各种的特性，比如没有弯曲的花梗，花萼为轮状或钟状，除了紫裙椒花冠为紫色外，其余花冠均为黄色或赭黄色，果实为红色或由橘色变为红色且无辛辣味，种子都为黑褐色等。随后，这个分支在2001—2013年间也不断得到研究。由于安第斯山分支在辣椒属中具有基部群地位，这说明辣椒类作物的祖先果实其实并不辣。因此，辣椒类作物的辛辣度是辣椒属中后来衍生的植物化学特征，不辣的辣椒看着像是不可思议的逆转，实际上却是继承了辣椒属古老祖先的特征。除安第斯山分支外，长齿分支中的长齿椒和其他分支的个别物种或品种（比如辣椒中的甜椒类；黄灯笼辣椒、浆果状辣椒、枸杞果辣椒的一些品种）的果实也无辛辣味。长齿椒分布于巴西东北部的卡廷加，是2011年才被发现的新种。它与小叶辣椒有些相似，但不同的是它的花萼具有长齿，果实不辣。

大西洋森林分支是辣椒属中种数比较多的分支，主要分布于巴西大西洋沿岸，其中的10个种都是该地域特有且适应热带—亚热带气候的物种。它们的花冠为白色并带有斑点，只有紫花滨林椒例外，具有钟形花冠，花冠开放时为粉色，闭合时为紫色，此外，其幼果为浅绿色，成熟后为深绿色。这个分支里最易识别的是毛滨林椒，其茎秆、叶、花梗等都布满柔毛。由于种质资源缺乏，这个分支的相关信息较少。同样缺乏种质资源的还有玻利维亚分支，其相关数据十分稀少，尚待进一步研究。

巴西具有得天独厚的气候和地理环境，使得辣椒属在此产生了物种多样性。除大西洋森林分支外，巴西（南部、东南部和东北部）的野生辣椒还有长齿椒、皱冠辣椒、紫梗辣椒和小叶辣椒。此外，肯定还存在其他尚未发现或分类的种。其中，皱冠辣椒独立为单种的皱冠分支，它分布于从安第斯山脉到巴西的东南部、巴拉圭和阿根廷的过渡区域，多生于低海拔地区。由于地域不同，它具有两种形态特征，一种果实为球形，颜色为红色或橙色，成熟后会掉落，另一种则信息不详，只有果实悬垂和含有黑色种子的记录。前者适应于安第斯山脉的干燥气候，后者适应于巴西的潮湿气候。像这样有着地理分离的种，还有紫梗分支中的小叶辣椒，它也有分别适应安第斯山脉和巴西的两种形态。

皱冠辣椒

沙参花辣椒

紫色花冠分支有3个种，即沙参花辣椒、芒萼辣椒和紫绿花辣椒。沙参花辣椒只生长在玻利维亚的拉巴斯（La Paz）地区，依据地理分布推测紫绿花辣椒可能是沙参花辣椒的祖先。紫绿花辣椒在当地被称为“ulupica”，是一个生长在高海拔且喜亚热带干燥落叶林气候的种，主要分布于玻利维亚的安博罗和巴耶格兰德（Amboró and Vallegrande）的西南方海拔高达2 000米的森林里，也分布于阿根廷。芒萼辣椒曾经的学名为*Capsicum eximium* var. *tomentosum*，它具有不同寻常的具腺体绒毛，密布在营养器官、花梗和花萼上，与紫绿花辣椒截然不同。

由于与相邻分支间有着相似但又不同的特征，多花辣椒和绒毛辣椒独立为有争议的单种分支。在秘鲁发现枸杞果辣椒的同一年，多花辣椒也在秘鲁南部的山上被发现。它生长于秘鲁的万卡维利卡（Huancavelica）和安达韦拉斯（Andahuaylas）。多花辣椒于1954年首次在曼塔罗河（Mantaro river）被采集，采集其标本的人是托瓦尔（O. Tovar），多花辣椒即以他的名字命名为*Capsicum tovarii*。多花辣椒的花为淡黄色，种子发芽率较低，因而较为稀少。

在浆果状分支里有浆果状辣椒的野生种（原变种）、南美辣椒（变种）、脐果辣椒（变种）、枸杞果辣椒和密毛辣椒。其中，南美辣椒和脐果辣椒是野生的浆果状辣椒经驯化的后代。脐果辣椒生长于玻利维亚、巴拉圭和巴西，果实辛辣，但由于十分稀有而鲜为人知。南美辣椒由于品种较多而被人熟知，它的栽培品种主要有三种类型：一种是典型的阿希辣椒，植株长势较高，但冠幅不大；一种是像柠檬滴辣椒那样，植株较小且浓密，叶片也明显较小；第三种类型是巴西浆果状辣椒，典型的就是‘巴西海星’辣椒，植株较高，果实扁平，完全不同于前两个类型。在浆果状分支里，分布最广的是枸杞果辣椒。1982年麦克劳德就提到，枸杞果辣椒广泛分布于整个巴拉圭和阿根廷的低地平原，东到查科（Chaco），西至塔里哈（Tarija）和苏克雷（Sucre）。虽然浆果状辣椒也是在巴拉圭和阿根廷被发现的，但和枸杞果辣椒相比，它的分布更偏北部和西部。据有关文献记载，1970年在巴西和秘鲁也发现了枸杞果辣椒的踪迹，根据分布地和发现时间推断，枸杞果辣椒可能是浆果状辣椒的祖先。

密毛辣椒可以说是野生辣椒属植物中最有趣的辣椒品种了，由于它的品种外观多变，而十分容易与浆果状辣椒的其他种混淆，但唯一不变的是毛茸茸的叶子和“三色花”——不管其花的形态如何变化，

枸杞辣椒　　　　密毛辣椒

都独一无二地拥有白、黄、紫三色。

最后要介绍的分支是辣椒分支，主要包括辣椒（原变种）、鸟眼椒（变种）、黄灯笼辣椒、灌木状辣椒和加拉帕戈斯辣椒。这个分支的共同特征是都有红色的果实以及乳黄色的种子，但它们在其他性状上多变，比如果实辛辣程度不一。其中，鸟眼椒是辣椒种的祖先。

野生辣椒的生境多为森林，且分布在海拔500米至2 000米的高海拔地区。科学家加西亚和她的团队根据辣椒种的原产位置，假定辣椒属植物在起源之后沿着安第斯山的西部到达南美洲西北部，然后沿着顺时针方向围绕亚马孙盆地到达其中心和巴西东南部，再回到南美洲西部，最后向北到中美洲。在辣椒属11个分支的地理分布图中可以看

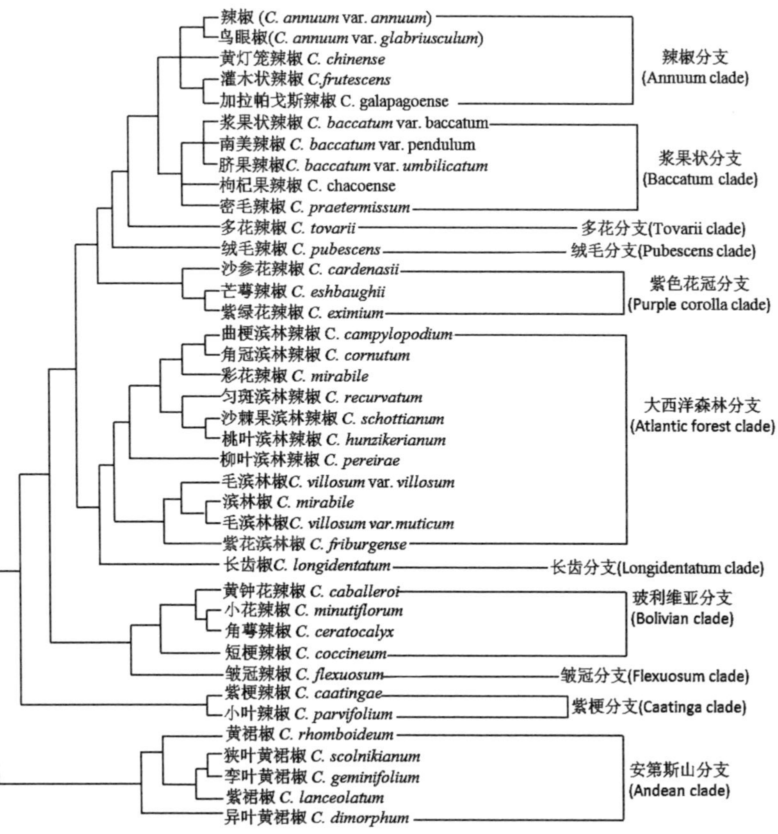

辣椒属的分支图

前文提到的五大栽培品种主要是在辣椒分支、浆果状分支和绒毛分支里，而国内大部分的辣椒类作物都是分支里的后代，几乎很少有其他的分支。

到辣椒属11个分支的地理位置分布情况，这些分支主要集中在中美洲和南美洲，相邻的种具有更多相近的形态特征及相似的原产地。

如今，植物分类学界皆知辣椒来源于北美洲，随后广泛传播到欧洲和亚洲。然而，我们熟知的那些辣椒，其实主要来源于3个经驯化的后裔辣椒——辣椒、黄灯笼辣椒和灌木状辣椒，而鸟眼椒、枸杞果辣椒和加拉帕戈斯辣椒才是野生种，并且是这些驯化辣椒的鼻祖。除巴西外，这3个野生辣椒属的种遍布美国南部至阿根廷中部，是最早成为“西方辣椒分支”的代表，而且它们之间关系亲密，在某些情况下甚至可以杂交。

辣椒属11个分支的地理分布图

辣椒的特征

辣椒的叶

辣椒属植物的叶片为互生，枝顶端节不伸长，而是成双生或簇生状。叶片的形状分为三种 :（1）全缘，矩圆状卵形 ;（2）卵形或卵状披针形 ;（3）顶端短渐尖或急尖，基部狭楔形。黄灯笼辣椒的叶片以矩圆状

全缘，矩圆状卵形

卵形或卵状披针形

顶端短渐尖或急尖，基部狭楔形

辣椒叶片形状示意图（上）和对应的实图（下）

卵形居多，辣椒叶呈微胖形，而浆果状辣椒和绒毛辣椒的叶片呈明显的楔形，且苗条形。从叶片的质地来看，分为革质叶和非革质叶，一般黄灯笼辣椒多为革质叶，其他的常见栽培品种以非革质叶居多。两种质地的叶片相比较，革质叶的病虫害相对少一些。随着辣椒不断地生长，同一株辣椒上的叶片会在幼叶期和成熟期呈现形状和颜色的变化。通常我们主要观察成熟期叶片，但叶片特征并不适宜区分辣椒品种。

辣椒的花

辣椒的花可以说是除果实之外最明显的部分了。辣椒的花为单生，由花瓣、雄蕊、雌蕊、柱头、子房和花萼组成。当然，不同种的辣椒，花冠形状和颜色、花药的颜色、花瓣数量都不相同。

辣椒类作物的花冠是国内最常见的辣椒花冠，呈杯状。除此之外，还有钟状花冠，如沙参花辣椒、紫花滨林椒；碗状花冠，如黄裙椒、浆果状辣椒。花冠有不同颜色，如白色、紫色或复色，而复色常以一种颜色为主，另一种颜色为辅，或以斑驳形式出现；花药常呈灰

辣椒花结构图

a，花瓣；b，柱头；c，雌蕊；d，雄蕊；e，子房；f，花萼。

紫色、深黄色和淡黄色。通常，花瓣数量常以5瓣居多，但也不乏4瓣、6瓣和7瓣。

以下介绍辣椒、黄灯笼辣椒、浆果状辣椒、灌木状辣椒和绒毛辣椒的花序特征。

（1）辣椒：通常的品种花冠呈辐射状，颜色为白色或紫色，且无斑点。

五彩朝天椒的花

‘黄色鸡心’辣椒的花

（2）黄灯笼辣椒：花多簇生于分枝处，每个节点有3～5朵花或更多，花梗下垂，花冠呈辐射状，颜色为白色或绿白色，无斑点，花药颜色为蓝色或淡黄色。

‘加勒比海’辣椒的花

印度鬼椒的花

（3）浆果状辣椒：花瓣为白色，带有黄绿色斑驳，侧面尤其明显，具有与众不同的特征。

‘幻想’辣椒花的背面（左）和正面（右）

‘柠檬滴’辣椒花的背面（左）和正面（右）

（4）灌木状辣椒：花瓣为白色或绿色，并向外张开，花药为蓝紫色。

‘夏威夷’辣椒花的背面（左）和正面（右）

‘艾克瑞可’辣椒花的背面（左）和正面（右）

辣椒的果实

辣椒果实一般由花萼、辣椒素腺、果皮（外果皮、内果皮）、尖端、胚珠、胎盘、隔膜等部分组成。

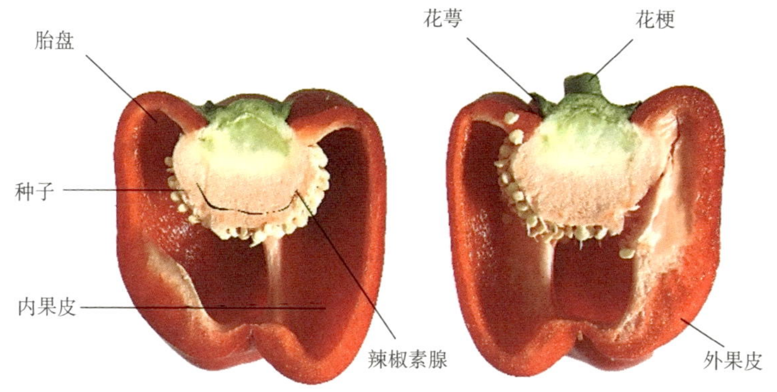

辣椒果实的纵切面图

辣椒的果实颜色丰富，形状不一，因此是区分品种与品种之间最主要的特征。辣椒果实的颜色除了绿色和红色外，还有白色、紫色、黄色、橙色、棕色、黑色及鲑色等。至于果实形状，国内和国外的分类大不相同。在国内，辣椒通常分为樱桃椒（又叫五彩椒）、指天椒（朝天椒）、簇生椒、线辣椒（长角椒）、菜椒（灯笼椒）和锥形椒（泡椒）六大类。在国外，辣椒种子资源极为丰富，1983年，国际植物遗传资源委员会（The International Board for Plant Genetic Resources，IBPGR）将辣椒的果实分为细长形、圆形、三角形、钟形和块形。三角形的辣椒果实主要呈明显的等腰或锐角三角形状，例如：‘梅尔罗斯’辣椒、‘紫罗兰闪光’辣椒、‘黑色匈牙利’辣椒等辣椒品种；钟形的辣椒主要以黄灯笼辣椒系列为主，果实由于挂钟一般，顶端明显稍尖，例如：各种品种的哈瓦那辣椒；而块状辣椒主要以甜椒为主，侧面的果实形状近长矩形或长卵圆形；细长形的辣椒果实呈明显的线性，例如：‘科尔巴茨’辣椒、‘布埃纳混血姑娘‘辣椒、‘葡萄干’辣椒等；圆形的辣椒果实形如其名，例如‘中国五彩’

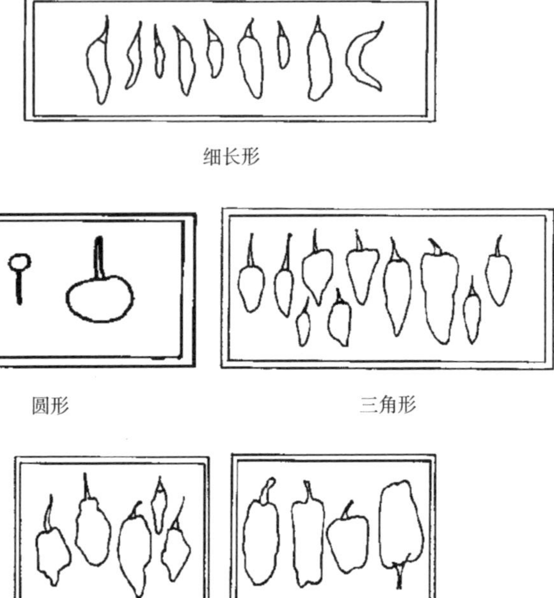

钟形　块形

IBPGR辣椒果形分类图

辣椒、‘鸟眼宝宝’辣椒、‘忧郁之子’辣椒等。国内辣椒品种资源相对国外较少，由于集中使用辣椒的母本和父本，因而国内的辣椒品种具有趋近性，使得辣椒果实分类不够全面。本书主要选用IBPGR的辣椒果形分类方式。

辣椒果实展示图

（1）‘噘嘴’辣椒，（2）‘黑色匈牙利’辣椒，（3）‘巴西海星’辣椒，（4）‘玛塔波尔卡’辣椒，（5）‘菲达尔戈紫’辣椒，（6）‘苏格兰黄帽’辣椒（黄色和绿色），（7）‘红牛角’辣椒，（8）‘柠檬滴’辣椒，（9）‘克雷格大尖’辣椒，（10）‘巧克力哈瓦那’辣椒，（11）‘科尔巴茨’辣椒，（12）‘金色卡宴’辣椒，（13）‘7锅大脑纹理’辣椒，（14）‘葡萄干’辣椒，（15）‘紫罗兰闪光’辣椒，（16）‘白色幻想阿希’辣椒，（17）‘番茄形褶皱’辣椒，（18）‘布埃纳混血姑娘’辣椒，（19）‘飞鱼’辣椒，（20）印度鬼椒，（21）‘芥末黄哈瓦那’辣椒，（22）‘克里奥厨房’辣椒，（23）‘粉老虎’辣椒，（24）‘库内奥’辣椒，（25）巧克力印度鬼椒，（26）‘羊鼻’辣椒，（27）‘闻紫’辣椒，（28）‘塔巴斯科’辣椒，（29）‘鸟眼宝宝’辣椒，（30）‘巧克力铃铛’辣椒，（31）‘黄色铃铛’辣椒，（32）‘塔姆’辣椒，（33）‘白云’辣椒，（34）‘卡罗莱纳死神’辣椒。

第三部分 辣椒的应用

在古代秘鲁，原住民被称为印加人（Incas）。在印加人统治库斯科（Cuzco）时期，很多用于祭祀的寺庙，还记录着许多神的故事，这些故事有些就与人类的食物有着密切的关联。

1572年，西班牙入侵秘鲁，这些寺庙被天主教神殿取而代之，导致部分记录在慌乱中丢失，有些甚至只留下碎片。此时正巧有个西班牙人，名叫贝坦索斯（J. de Betanzos），他把当地的神话故事——《印加人的故事》（*Suma y Narración de los Incas*）保留了下来。在印加神话中有四位重要的神，被称为“创造之神”。他们是四兄弟，名字分别为乌丘（A. Uchu）、卡奇（A. Cachi）、曼卡（A. Manco）和奥卡（A. Auca）。在盖丘亚语中，“Uchu”意为盐辣椒，“Cachi”意为盐，因而乌丘和卡奇正是帮助印加人发现辣椒和盐的神。在那个时代，根本没有硬币和纸币，辣椒被当作一种货币来使用，与金钱画上等号，可见辣椒在印加人眼中是多么神圣的植物啊！

如今，辣椒已遍布全世界，与我们生活紧密相连。餐桌上有着鲜食辣椒，食用制品中有着较多以辣椒为原料的产品，如辣味酱、辣椒粉、辣椒罐头及辣椒油等。除了食品行业以外，辣椒也扩散至其他领域，如在农业上，由于辣椒素自带特殊气味，可驱赶害虫（蚜虫、蜘蛛、食叶虫、跳蚤等），因而辣椒成了天然无害的生化农药；在功能涂料上，辣椒是一种忌避剂，可防止电缆、木材被老鼠啃食，也可抑制海洋防污涂料中微生物的滋生等。此外，在医药、军事、化工等领域，辣椒也得到了诸多应用。

辣椒的营养

全世界有许多人喜欢辣椒，但他们不光只图嘴上的辣感。科学家们对多种蔬菜营养成分进行分析，发现蔬菜的营养价值与颜色密切相关。红辣椒属于深色蔬菜，其营养价值也相对较高。

膳食纤维

辣椒具有丰富的膳食纤维，不仅可以促进人体内钙质的吸收、降低血液中胆固醇的含量、预防冠心病的发生，还具有控制血糖、预防糖尿病及促进肠胃蠕动等功效，既保障人类的健康，又延长人类的寿命。

维生素

辣椒的维生素含量在蔬菜中居首位，含维生素C、维生素A、维生素B等。维生素C是一种抗氧化剂，在保护身体免于自由基威胁的同时，还帮助人体内调节酸度，是人体中必需的营养素。严重缺少维生素C会得坏血病。100 g辣椒中的维生素C含量高达80.4 mg。此外，辣椒还含有丰富的B族维生素，其中100 g辣椒中的维生素B_6含量可达0.224 mg。B族维生素的作用是管理和调节人体内最重要的蛋白质、脂肪和糖类这三类结构物质。

辣椒红色素

辣椒红色素是一种天然类胡萝卜素，主要有辣椒红素、辣椒玉红素、叶黄素、胡萝卜素等成分，是全世界公认的无毒、无副作用的天然色素。联合国粮农组织（Food and Agriculture Organization of the United Nations，FAO）和世界卫生组织（World Health Organization，WHO）都将辣椒红色素列为A类色素，可无限量地广泛用于各种食品、调味汁、加工品中等。除食品外，辣椒红色素还在医学上被广泛应用，可制备红色的药丸或药片。据研究表明，辣椒红色素可以保护细胞的DNA不受辐射线破坏，甚至在某些化妆品中，已有采用将辣椒红色素用于红色口红和指甲油中。

辣椒素

辣椒中的辣椒素分布在辣椒种子、隔膜和内果皮，于1816年由德国药剂师和化学家布霍尔茨（C. F. Bucholz）首次提炼出。当时提炼出的辣椒素不纯，他称其为“Capsicin”（番椒油）。60年后，泰雷（J. C. Thresh）改进后分离出几近纯的辣椒素，并改名为“capsaicin”。1898年，米科（K. Micko）首次分离出纯辣椒素。

辣椒素是一种天然的植物碱，分子式为$C_{18}H_{27}NO_3$，提取后的粉末为白色，极辛辣。它既是食品添加剂，又是辛香调味料。作为食品添加剂，低浓度的辣椒素可用于火锅底料、腌制品、快餐或微波炉食品等。但食用过多的辣椒素可能会对口腔、胃和肠道产生较大的刺

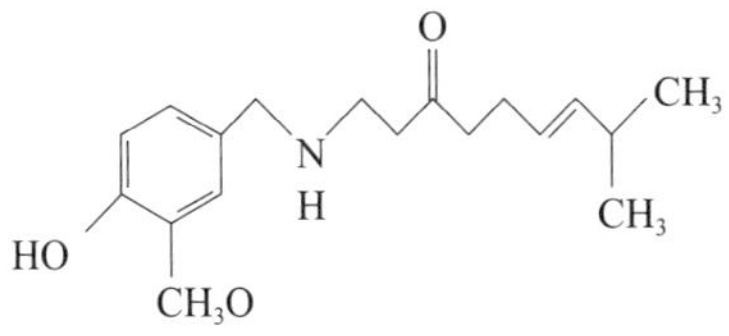

辣椒素分子式

激，使人呕吐和腹泻。然而，这种强烈的热辣作用也使辣椒素成为药物，具有镇痛、止痒、预防心脏病等作用，应用极为广泛。

辣椒的药用价值

中国人口味之杂，南甜北咸，东辣西酸，堪称世界之冠。据估计，全世界近1/4的人口经常食用辣椒。在中国，湖南、湖北、江西、贵州、四川及东北等地都喜辣，甚至还流传着“贵州人不怕辣、湖南人辣不怕，四川人怕不辣”的说法，这充分证实了在这些地方辣椒深受宠爱。其实，爱吃辣也与当地气候和地理环境密切相关。处于中国四大盆地之一的四川，气候潮湿多雾，一年四季鲜有阳光，人的湿气极易加重，难以排除汗液，长年累月易患风湿等疾病。当地人十分苦恼，便想找到良方。在清乾隆六十年（1795年）前后的《脉药联珠药性考》中，辣椒被记录为“温中散寒，除风发汗，去冷癖，行痰逐湿”。既然可以通过食疗来逐渐改善身体内的寒气，又不用食药，何乐而不为呢？因此，辣椒迅速被广泛食用，并流传开来。

虽然辣椒现在成为家庭烹饪中常用的佐料和食物，但它的药用价值却鲜为人知。辣椒的根、茎、果实和种子均可入药，主要有抑制肿瘤、抑菌消炎、镇痛、抗辐射、调节心血管神经、预防心血管疾病等作用，甚至还具有减肥和美容的功效。

抗癌作用

辣椒具有防癌抗癌的作用。它含有微量元素钴，钴是合成维生素B_{12}的必需原料，而B_{12}具有造血功能，可降低血压、活跃新陈代谢及抑制恶性肿瘤生长。国外很多研究发现，辣椒素是一种天然且有效的抗癌剂。美国匹兹堡大学医学院（University of Pittsburgh School of Medicine）的斯里瓦斯塔瓦（S.K. Srivastava）博士和她的同事对胰岛癌进行研究时，惊奇地发现辣椒素能够破坏癌细胞线粒体功能和诱导癌细胞凋亡，但并不影响正常的胰腺细胞，表明辣椒素是潜在的胰岛癌化疗剂。此外，研究表明辣椒素还可以显著减慢各类癌症症状，如前列腺肿瘤、乳腺癌、肠癌等，甚至有可能杀死癌细胞。

镇痛和消炎作用

在美洲古老的阿兹台克法典里，记录着最原始的镇痛方法，每当阿兹台克人牙痛时，他们便会把辣椒放在牙齿上，以此来缓解和消除牙痛。用辣椒作止痛药持续至今，美国人就用辣椒缓解牙痛。

早在19世纪，辣椒的生物活性就被发现、研究及应用，比如辣椒素具有镇痛作用，和我们常见的镇痛药如阿司匹林、乙酰氨基酚等有类似的功效。这种镇痛作用主要是因为含有辣椒素，这种天然的成分既帮助止痛，又没有副作用。辣椒素还可制成药酒或药膏，对于抑制关节炎、风湿病、扭伤、糖尿病等引起的疼痛具有显著的疗效。国内外临床应用的辣椒素药品有辣椒素软膏、辣椒素热贴、止痛霜等。

防辐射作用

辐射属于“隐形杀手”，已成为现代科技社会中一种看不见、摸不着的危害。日常生活中到处都存在着辐射，比如看电视、乘飞机、拍X线片等。一项最新研究指出，香辛料能够保护细胞的DNA不受辐射线的破坏。香辛料植物主要有红辣椒、黑胡椒、咖喱、姜黄素等，其中辣椒红素对预防辐射的保护功效最为显著。

另外，辣椒还能抗菌和抗纤维化，防治高血压及心脏血管疾病，促进胃液分泌、增进食欲、舒缓胃肠胀气，改善消化和促进血液循环，帮助减少发烧和缓解感冒等症状。每天适当食用辣椒还能加速新陈代谢的速度，达到减肥的疗效。辣椒素犹如清理人体内环境的“清洁机”，它可以促进能量的消耗和脂类的氧化，具有一定的代谢作用，因而在食品保健中，辣椒素是可遇不可求的纯天然减肥素。

辣椒走进军事

早在6000年前，阿兹台克人就大量种植辣椒，因为辣椒既是他们的食物，又可以治疗和缓解各种疾病，甚至还能当武器使用。他们偶然间发现辣椒碰到火所散发出的烟雾能直接刺激喉咙和皮肤，最早的"辣椒武器"便这样诞生了。有趣的是当地人还常用烟雾来惩罚行为不端的孩子。1700年，日本也有人开始使用"辣椒武器"。还记得黑衣忍者在逃跑前，一扔粉末就立刻消失在一阵烟雾中的电影场景吗？其实这粉末是由辣椒粉、面粉、石灰等混合制成的，用于迷惑视线。除了用于逃跑外，这种粉末扔在脸上，还可致眼睛受伤。当然，中国也很早就将辣椒粉作为自卫药剂使用，士兵曾用装满辣椒粉的纸包投向敌方的脸，以阻止对方进攻。

20世纪初，美国陆军就已开始对油性辣椒（Oleoresin Capsicum，OC）进行试验。在60年的时间里，油性辣椒不断发展，成为防卫喷雾剂的主要成分，也就是"辣椒喷雾"，适合用于各种非暴力骚乱的场所。受辣椒素分子结构的启发，使用PAVA（Pelargonic Acid Vanillylamide，即N-香草基壬酰胺，又称壬酸香兰基酰胺）等合成的类辣椒素也得到研发，并应用于弹药和喷雾剂中。辣椒素武器和类辣椒素武器都是激活相应的分子受体，让人有疼痛和灼烧感，具有刺激作用，但无明显毒性和副作用。在军事上还有其他具有类似功效的军事武器，如α-氯苯乙酮（CN）和邻-氯苯亚甲基丙二腈（CS）都被用作暴动控制手段，但与辣椒相比，它们可能有潜在致癌性，对生态环境也有一定的破坏。2007年，印度鬼椒成为《吉尼斯世界纪录》里的“世界第一辣”。与此同时，印度当地发现这种极辣的辣椒具有良好的催泪作用，于是政府要求农民种植它，还提供各种补贴，充分发挥辣椒得天独厚的优势。随后，军方不断地开发“辣椒手榴弹”“辣椒喷雾”等新武器。

辣度的测试

生活中，人们常常会接触到酒精度、甜度及咸度这些名词，那有“辣度”一词吗？辣椒品种多样，究竟哪个辣椒更辣？如何衡量辣度的指标呢？印度鬼椒有100多万SHU，‘卡罗莱纳死神’辣椒有200多万SHU……这些数字是从何而来呢？

在解释这些之前，我们有必要首先认识一下美国科学家史高维尔（W. L. Scoville）。1912年，他发明了一套测量辣度的方法，并用他自己的姓（史高维尔）来作为辣椒辣度的单位名称，即“史高维尔辣度单位”（Scoville Heat Unit，简称SHU）。同时，他设计的“史高维尔感官测试”（Scoville Organoleptic Test）可用来衡量辣椒素含量。具体操作是，辣椒成熟后干燥，磨成粉末，稀释在糖水里，然后通过不断地品尝和稀释，直到无法品尝出辣味为止。比如，甜椒的辣度为0 SHU（没有任何辣味）；‘巴布兰诺’辣椒的辣度为1 000 ～ 2 000 SHU之间，即被1 000 ～ 2 000倍的糖水稀释后就没有辣味了。稀释的糖水越多，辣椒就越辣。

在那时，这似乎是最先进的测试辣度方法了。可现在看来，仅仅通过舌头来测试，却不太科学。每个人的味蕾接受辣的程度都不一样，直接导致实验结果更偏向个人的主观意识。为了得到更科学准确的辣椒素浓度测定，人们采用了高效液相色谱法（high performance liquid chromatography，HPLC），该方法主要是测定辣椒素和二氢辣椒

韦伯·史高维尔试吃辣椒

素（又称为二氢辣椒碱，是辣椒素类物质之一）的含量。国外的辣椒品种虽然琳琅满目，不过大部分品种都备有辣度指标，归类较好。通过辣度的口味分为甜/温和、中辣、重辣、辣和超辣五大类（如下），便于人们更直观地了解品种的辣度水平。

甜/温和（sweet/mild）：0 ～ 2 500 SHU

中辣（medium）：2 501 ～ 15 000 SHU

重辣（medium-hot）：15 001 ～ 100 000 SHU

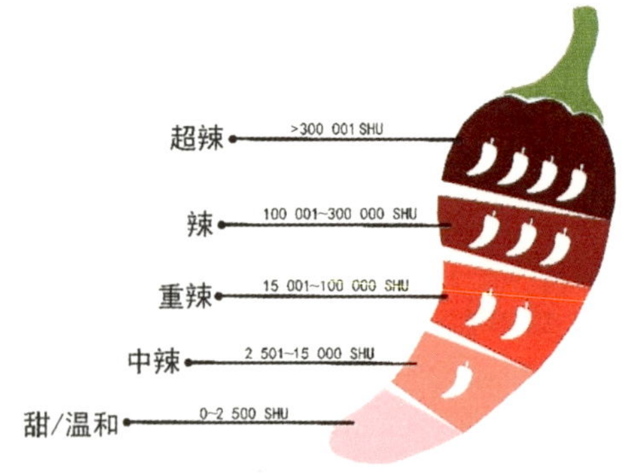

辣度示意图

辣（hot）：100 001 ～ 300 000 SHU

超辣（superhots）：>300 001 SHU

相反，国内的辣椒信息就模糊很多，无论辣椒的名字还是品种信息，甚至辣度都很难查清楚。国家《预包装食品标签通则》中曾规定，要加强食品主要成分含量的标注。可若在辣椒加工品中也能标注清楚辣椒品种或辣度信息，那人们便可选择自己喜爱的“辣度”了。不过，确实有在辣味食品中标注辣味等级的：有的将传统辣度概念“不辣、微辣、轻辣、中辣、很辣”及其相对应的“0、1、2、3、4度”模糊辣度分级来表示辣椒制品的感官辣度；有的则依据感官辣度和辣味食品中辣椒素的含量，将辣度分为1、2、3和4级。

辣度等级表一

等　级	辣度情况	辣椒素含量
1级	微辣	< 0.30%
2级	中辣	0.30% ～ 0.50%
3级	辣	0.50% ～ 0.70%
4级	很辣	> 0.80%

也有将辣椒分为轻辣、微辣、中辣和特辣了。

辣度等级表二

等　级	辣椒素含量（mg/mL）	辣度（SHU）
轻辣	< 0.099	< 1 530

（续表）

等　级	辣椒素含量（mg/mL）	辣度（SHU）
微辣	0.099 ～ 0.398	1 530 ～ 6 140
中辣	0.398 ～ 1.592	6 140 ～ 24 500
特辣	> 1.592	> 24 500

不仅如此，就连川菜也被分级了。常见的川菜中，夫妻肺片、米椒鹅肠归为5级，泡椒牛蛙、干锅鸡、水煮牛肉、毛血旺等归为4级，酸辣粉、酸菜鱼、麻婆豆腐、辣子鸡、怪味鸡丝归为3级，宫保鸡丁、回锅肉、鱼香茄饼、青豆茄子煲归为2级，而归为1级的川菜少之又少。

辣度等级表三

等　级	辣　味	辣椒素类物质含量（g/kg）
1级	不辣	< 0.001 95
2级	微辣	0.001 95 ～ 0.019 5
3级	中辣	0.019 5 ～ 0.092 4
4级	辣	0.092 4 ～ 0.291 8
5级	特辣	> 0.291 8

众所周知，辣椒的辣度与遗传特性密不可分，但非生物因素也会对辣椒素产生影响。国内外学者针对辣椒素在不同的光照条件、水分胁迫性、土壤性质等方面做了大量研究。据研究发现，光照的强度在辣椒素的代谢过程中起着重要的作用，对于同一品种的辣椒，辣椒

素的含量随着光照强度升高而降低，适当地遮蔽阳光可积累更多辣椒素；还有研究发现辣椒素含量会随着海拔的升高而显著增加。

不管辣椒有多辣，不管辣度如何分类，这丝毫不影响嗜辣者对辣椒的喜爱之情，也动摇不了“多辣都要在一起”的誓言。

最辣的辣椒

只要提及吉尼斯纪录的“世界之最”，都会令世人惊叹不已！有关辣椒的吉尼斯纪录很早就有，但这个纪录不是关于辣椒的辣度，而是大小。1976年，‘NUMEX大吉姆’辣椒被认定为是世界上最大的辣椒。世界上最辣的辣椒是随着“史高维尔”这一名称的出现才出现的，“辣王”争霸赛也由此正式开始。不过，最辣的辣椒不是辣椒类作物（*Capsicum annuum*），而是中华辣椒（*Capsicum chinens* Jacq.）。1994年，当时世界纪录第一最辣的辣椒是‘红色沙维那亚伯内洛’辣椒（Red Savina Habanero），辣度为577 000 SHU。它还是第一个受美国农业部（United States Department of Agriculture，USDA）《植物品种保护法》保护的品种。1989年，在加利福尼亚的某家香料公司，一位名叫加西亚（F. Garcia）的人培育出这个辣椒品种，果实大且味道辣。随后，辣椒新品种相继出现，可始终无法超越它。直到2000年9月，英国广播公司报道，印度提斯浦尔（Tezpur）培育出辣度达855 000 SHU的“提斯浦尔”辣椒（Chili Tezpur），又称“印度PC-1”辣椒（Indian PC-1），

后来人们称之为“Naga Jalakia”或“Bhut Jolokia”，即印度鬼椒。该辣椒的出现引起巨大轰动，让人们简直难以置信，尤其是智利胡椒研究所（Chile Pepper Institute）的博兰德（P. Bosland）怀疑印度科学家测试辣度的准确性，为此他还特地走访印度当地并收集了印度鬼椒的种子。2005年，印度鬼椒再一次被测试辣度，结果为1 001 304 SHU。这时，你是不是也开始怀疑自己的眼睛了？同一种辣椒竟然在不同年份测试出不同的辣度？没错！事实就是印度当地为不断发展农业而培育出各种辣椒品种，但都称为印度鬼椒，致使辣度变得更高了。尽管如此，印度鬼椒在2007年第一次更新了吉尼斯世界纪录“世界最辣辣椒”的榜首。辣王之间的比赛，无休止尽。2011年2月‘无限7锅’辣椒和‘娜迦毒蛇’辣椒也开始逐渐小有名气。其中，‘无限7锅’辣椒的辣度为1 067 286 SHU，而由英国农夫福勒（G. Fowler）培育的‘娜迦毒蛇’辣椒，辣度为1 382 118 SHU。这种辣椒来源孟加拉国和印度东北部，和印度鬼椒有些相似，它是由娜迦莫里奇、印度鬼椒和特立尼达蝎子三个辣椒品种杂交而来的。在英国当地，又称为多赛特娜迦（Dorset Naga）。后来，英国人培育的‘科莫多龙’辣椒夺走了第一的宝座，其辣度达到1 400 000 ～ 2 200 000 SHU。

2011年，一个非常有趣的辣椒品系出现了，它就是来源于特立尼达岛的‘7锅’辣椒。它的果实比特立尼达蝎子更丰满，螺纹质感更明显，还多了一份果味。它的有趣之处在于它的名字，这个辣椒与食物炖煮7次后，还能保持辣度不减，真是令人惊叹！它的辣度达800 000 ～ 1 000 000 SHU。不久，这个系列的品种也越来越多，比如‘7锅杜格拉’辣椒、‘7锅大脑纹理’辣椒等。‘7锅大脑纹理’辣椒是被一个来自北卡罗来纳的种植爱好者卡皮洛（D. Cappiello）培育出，辣度达到了1 330 000 SHU。可惜未得到科学测试与官方认可，无缘榜首。

‘壮汉T’特立尼达蝎子椒来自特立尼达，由嬉皮种子公司（Hippy Seed Company）的史密斯（N. Smith）命名。种子最初的拥有者是来自柴迪科农场（Zydeco Farms）的泰勒（B. Taylor）。2012年，该辣椒被吉尼斯纪录宣布为世界上最辣的辣椒，辣度为1 463 700 SHU。2012年2月，千里达莫鲁加蝎子椒又一次再创新成绩，最高纪录为2 009 231 SHU。蝎子椒的出现，总算让这场你争我夺的比赛在当时暂停了。吃辣椒，如有瘾一般，但是写到这里，据我推测，研究最辣辣椒的人可能也是有瘾的，尤其那些掌控辣椒素的培育者们!

2013年7月，‘卡罗莱纳死神’辣椒由美国人卡瑞（E. Currie）及其公司花了10年时间培育，最初命名为“HP22BNH7”，商品名是Smokin Ed’s Carolina Reaper，于2013年8月获得吉尼斯世界纪录认证，成为世界上最辣的辣椒，辣度达2 200 000 SHU。这个辣椒品种由来自特立尼达的“7锅”（7 Pot）系列辣椒培育而来。虽然该辣椒“最辣”的地位可能不保，但此纪录仍未被正式打破。

2017年5月，英国人史密斯（M. Smith）培育出‘龙之气息’辣椒，原本他只是打算将这个栽培出的新品种辣椒参加切尔西花展，却意外打破辣椒的最辣纪录并获选2017年切尔西花卉展年度最佳植物。该植物种子由ChilliBobs公司提供，在试验性质的特殊肥料配方下成长，其配方由NPK科技公司与诺丁汉特伦特大学（Nottingham Trent University）联合开发。命名为‘龙之气息’辣椒的原因是来自威尔士自古以来的象征：红龙。该辣椒正在申请“最辣辣椒”吉尼斯世界纪录，它的辣度为2 480 000 SHU。不过，其可能与最辣辣椒头衔无缘。

2017年9月14日，X辣椒刚在“我们的第一盛宴”（First We Feast）频道亮相就引起了轰动。3 180 000 SHU的辣度，这已经不是“变态辣”所能够描述的了，甚至也已经超越了“武器级”（2 000 000 SHU辣度即可）。这是辣椒中的核武，一个正常人不会去品尝的辣椒。X辣椒由美国人卡瑞（E. Currie）和他的公司培育，该公司在2015年就曾培育出‘致命品种’辣椒（辣度为3 000 000 SHU），以及现在最辣辣椒的吉尼斯世界纪录保持者、前两者的亲本‘卡罗莱纳死神’辣椒（辣度为2 200 000 SHU）。不过，目前为止，世界最辣辣椒的榜首还未更新，X辣椒尚未得到官方认定。我们也期待下一个更辣的辣椒品种出现。

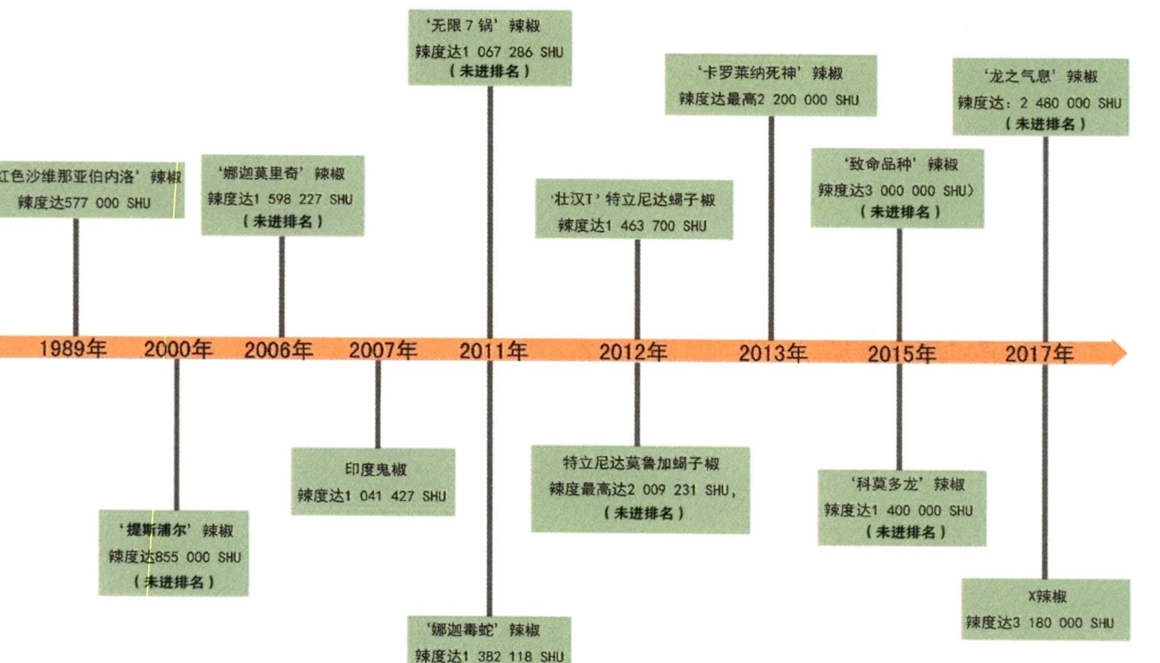

“最辣”辣椒年代图

注：此表格是根据时间轴来排列不同辣度的辣椒，其中未进排名意指该辣椒品种未申报吉尼斯世界纪录。

通过一株辣椒树展示各种代表性的辣椒品种图
[依据不辣到最辣（从下至上）排列图中数字对应下表]

代表性辣椒品种辣度表

序号	品种中文名	品种英文名	辣度（SHU）
1	‘龙之气息’辣椒	‘Dragon’s Breath’	2 480 000
2	‘卡罗莱纳死神’辣椒	Carolina Reaper	2 200 000
3	‘壮士T’特立尼达蝎子椒	Trinidad Scorpion Butch T	1 463 700
4	‘红色7锅’辣椒	Red Seven Pot Hot	800 000 ～ 1 000 000
5	‘娜迦毒蛇’辣椒	Naga Viper	1 382 118
6	‘巧克力哈瓦那’辣椒	Chocolate Habanero	425 000
7	印度鬼椒	Bhut Jolokia	1 001 304
8	‘龙目岛’辣椒	Wild Lombok	≤30 000

（续表）

序号	品种中文名	品种英文名	辣度（SHU）
9	‘苏格兰黄帽’辣椒	Scotch Bonnet Yellow	150 000 ～ 325 000
10	‘柠檬滴’风铃辣椒	Lemon Drop	15 000 ～ 30 000
11	‘沙维那亚伯内洛红’辣椒	Red Savina Habanero	577 000
12	‘鸟眼睛’辣椒	Bird's Eye Baby	100 000 ～ 225 000
13	‘卡宴金色’辣椒	Golden Cayenne	30 000 ～ 50 000
14	‘布埃纳混血姑娘’辣椒	Buena Mulata Hot	30 000 ～ 50 000
15	‘巴布兰诺’辣椒	Poblano	1 000 ～ 2 000
16	‘黑珍珠’辣椒	Black Pearl	10 000 ～ 30 000
17	‘噘嘴’辣椒	Biquinho Hot	1 000
18	‘黑色匈牙利’辣椒	Black Hungarian	5 000 ～ 10 000
19	‘葡萄干’辣椒	Pasilla Bajio	250 ～ 3 999

让人上瘾的辣椒

人们通过舌头分辨出酸甜苦辣，接受这些味道的感受器就在味蕾中。当你伸出舌头，仔细观察，就会发现舌头上布满了成千上万个白色突起的小点，这些突起被称为舌乳头，许许多多更微小的味蕾就藏在这些小白点里。味蕾细胞中有很多感受味道和刺激的受体（一类特殊的蛋白质），其中，在人体内起到探测和调节体温的TrpV1受体，它可以和辣椒素结合，一旦激活后就带给人热和疼痛的信号。鸟类没有这样的受体，可以幸福地吃着世界上最辣的食物。

当然，生活中也有许多其他辣味食物，如黑胡椒、山葵、辣根、芥菜子、生姜、大蒜等，其中易混淆的是山葵（山葵属）、辣根（马罗卜属）和芥菜子（芸薹属）。我们吃的黄色芥末酱是从成熟的芥菜种子而来，常见的青芥辣是用食用色素调制过的辣根，而真正的芥末酱（Wasabi）其实是山葵。大多数辣味化合物具有一定的挥发性，这也是那些“辣”使我们流泪、呛鼻的原因。而胡椒碱、辣椒素和二氢辣椒素这类物质不易挥发。然而辣椒比胡椒更具有火焰般的灼烧感和刺激感，尤其是我们最娇嫩最敏感的嘴唇和口腔，一接触到辣椒素就被刺激得火辣辣。其实，辣味并非是一种味觉，而是“五感”之外的痛觉，是痛觉神经向大脑发出的受热讯号——神经元。对人体而言，在可能受伤的情况下，就会选择避开危险，这种正常的生理反应也是对辣味的恐惧，但每个人对痛感的接受程度不同，同样也有人对辣味

各类辛辣植物的辣味化合物

植物名称	辣味特征化合物
红辣椒	辣椒素和二氢辣椒素
黑胡椒	胡椒碱
山　葵	异硫氰酸烯丙酯
芥菜子、辣根	2-苯乙基异硫氰酸酯、烯丙基异硫氰酸酯
生　姜	姜酮和姜脑
大　蒜	二烯丙基二硫

产生喜好，甚至是迷恋。

正常人不会刺伤自己大腿，不会用盐洗伤口。但是，世界上却有这么多人用辣痛来折磨自己，自称“享乐逆转”，使得不吃辣的人看着就感到十分虐心！在大脑中，有种让人感觉良好、尽情享受美味食物的“快乐物质”——胺类化学物质（多巴胺），这种神经传导物质与我们的情感，如兴奋、激动、渴望、期待等有着直接的关系。当人们在第一次吃辣后便对辣椒产生了好感或经过多次尝试后喜欢上辣椒时，多巴胺便会源源不断地分泌，并对人体产生了强大的控制力，最终导致对辣椒上瘾。在辣椒进入嘴巴后，味蕾争先恐后吮吸着火焰般的辣味，同时还激活了身体中数以百计的汗腺，汗液从腺体释放出来，犹如空调一般让身体得到了冷却。身体的这种“应激状态”就是痛觉神经元的激发，如同为修复受伤部位而传送的急救物质。

风靡一时的印度鬼椒，只需将一小块（近2～3 cm）放入嘴中咀嚼，2秒钟后身体就有种着火的感觉，嘴唇也麻了，脸也变红了，大脑立即传递出需要散热的信号，身体出汗。这种感觉可以持续6～7

分钟，要是不能吃辣的人还会引发胃部不适。比印度鬼椒还辣的‘卡罗莱纳死神’辣椒，就有人因大量食用产生肚子疼、胃疼、呕吐等状况。这些反应都是身体在抗议：我很不舒服，我要摆脱它！这种疼痛，就感觉人体的胃肠道里有把电锯在切割似的，这也正是辣椒素引发的炎症。若神经元严重受损而无法修复时，则有可能死亡。

因此，爱吃辣的人也要根据自己的体质来选择吃辣，尤其要量力而行，千万不要挑战身体的极限，影响身体健康。

魔法果实

当果实成熟时，同一株的辣椒上竟然生长着不同颜色的果实，有红色、黄色、紫色、白色……像被精灵施了魔法，向四周散出了五彩缤纷的火花一般，这究竟是怎么回事呢?

‘玻利维亚彩虹’辣椒

原来这是因为种子成熟时破坏了叶绿素，使得含有不同色素的种子形成了不同颜色的果实。比如能变黄色、橙色和棕色的类胡萝卜素，能变红色、蓝色和紫色的花青素等。这些植物界中普遍存在的“颜料”给辣椒的组织和器官（包括果实、茎、叶、花和根）带来各种颜色。同时，植物细胞液中的水溶性颜料还具有不同的浓度，能让果实的颜色变得更加丰富。可别小看这些色素，它们对我们身体来说都是宝贝，比如，花青素具有强抗氧化和抗炎活性，甚至对肿瘤细胞的生长有抑制作用。

不同色素形成辣椒的不同颜色

当然，除了这些“颜料”，收获辣椒的时间不同，也会导致果实的颜色不同。以生活中常见的甜椒为例。通常，甜椒会从绿色变为黄色或橙色，最后为红色。我们日常可以看见的各种颜色的食用甜椒，就是因为不同的时间采摘而得到的。最初采摘的是绿甜椒，这是在不成熟的阶段收获的，但甜椒里含有丰富的维生素C和被誉为“凝血维生素”的维生素K。红甜椒是完全成熟后采摘的，与绿甜椒含有相同的营养成分，但因为生长了较长时间后才收获，它的成分含量比绿甜椒要高。另外，红甜椒还含番茄红素，这是一种可以预防某类癌症的抗氧化剂。成熟度介于绿色和红色之间的黄/橙色甜椒，其成分与前两者相同，但含量介于两者之间，比如，黄/橙甜椒的维生素C含量是绿甜椒的好几倍，不过所含的β-胡萝卜素和维生素A含量只有绿甜椒的三分之一。

辣椒的颜色和形状给我们留下了第一印象，不得不说传统的红色和绿色使我们产生视觉疲劳，而紫、橙、花色等颜色却能激发出我们的兴趣。在五彩缤纷的辣椒品种中，最简单的变化就是绿色变为红色。另外，还有多次变化后得到的颜色，甚至初始色并非绿色的变化过程。颜色变化最丰富的就是五彩椒，按中国人的审美观点，那就是喜庆，按西方人的审美观点，则是犹如圣诞节彩灯般多彩。这类既可观赏又可食用的观赏辣椒，十分惹人喜爱。这么多辣椒是不是看得眼花缭乱了呢？不过，无论辣椒果实的颜色如何变化，最终还是取决于自己喜欢的口味。

“绿色—红色”变化的辣椒

‘帕德龙’辣椒、‘香蕉’辣椒、‘卡宴细长’辣椒、‘山羊角’辣

‘帕德龙’辣椒

‘希腊’辣椒

‘香蕉’辣椒

‘卡宴细长’辣椒

椒、‘希腊’辣椒、‘泰国布拉柏’辣椒、‘塞拉诺坦佩雷’辣椒……

“绿色—黄/橙色”变化的辣椒

‘苏格兰黄帽’辣椒：绿色—黄色—橙色

‘达蒂尔’辣椒：绿色—黄/橙色

‘卡宴金色’辣椒：绿色—金黄色

‘柠檬滴’辣椒：绿色—绿色带棕色斑驳—亮黄色

‘芥末哈瓦’辣椒：浅绿色—芥末色—深黄色

‘哈巴纳达’辣椒：浅绿色—淡橙色—橙色

‘卡宴金色’辣椒

‘哈巴纳达’辣椒

“绿色—棕色”变化的辣椒

‘巧克力哈瓦那’辣椒：绿色—黄绿色—巧克力色（棕色）

‘乔治斯库巧克力’辣椒：绿色—巧克力色（棕色）—深棕色

‘埃塞俄比亚棕色’辣椒：绿色—深棕色

‘巴布兰诺’辣椒：绿色—墨绿色—红棕色

‘葡萄干’辣椒：深绿色—棕色

‘巧克力铃铛’辣椒：绿色—巧克力色—红棕色

‘埃塞俄比亚棕色’辣椒

‘乔治斯库巧克力’辣椒

“绿色—紫色—红色”变化的辣椒

‘黑色匈牙利’辣椒：绿色—紫色—深紫色—红色

‘紫尖’辣椒：绿色—紫色—红色

‘午夜梦’辣椒：绿色—棕色—紫色—红色

‘黑色匈牙利’辣椒

“绿色—黄/橙色—红色”变化的辣椒

‘阿希工具’辣椒、印度鬼椒：淡芥末色—橙色—红色

‘龙舌兰日出’辣椒：绿色—橙色—红色

‘噘嘴’辣椒：淡芥末色—橙色夹杂浅绿色—橙色—红色

'科尔巴茨'辣椒：浅绿色—黄色—橙色—红色

'阿希工具'辣椒

'龙舌兰日出'辣椒

'噘嘴'辣椒

'科尔巴茨'辣椒

"黄色—红色"变化的辣椒

'塔巴斯科'辣椒：浅黄色—深黄色—橙色—红色

'紫罗兰闪光'辣椒

'圣达菲'辣椒

‘紫罗兰闪光’辣椒：浅黄色—黄色带紫色斑—紫色—红色

‘欧达’辣椒：浅黄色—紫色—红色

‘圣达菲’辣椒：浅黄色—橙色—红色

‘匈牙利热蜡’辣椒：浅黄色—橙色—红色

“紫色—（黄/橙色）—红色”变化的辣椒

‘布埃纳混血姑娘’辣椒

‘布埃纳混血姑娘’辣椒：紫色—粉色—浅黄色—橙色—红色

‘忧郁之子’辣椒：紫色—橙色—黄色—红色

‘黑珍珠’辣椒：紫色—深黑色（玛瑙黑）—红色

紫色印度鬼椒：淡紫色—紫色—橙色—红色

其他颜色变化的辣椒

‘飞鱼’辣椒：白绿色条纹—红白色条纹—深红白色条纹

‘白云’辣椒：白色（象牙色）—橙色—红色

‘菲达尔戈紫’辣椒：紫色—粉色

‘白云’辣椒

‘菲达尔戈紫’辣椒

多色辣椒

‘玻利维亚彩虹’辣椒：浅黄、浅紫、紫、黄、橙和红色

‘中国五彩’辣椒：浅黄、黄、橙、红和紫色

‘甜酸味’辣椒：黄、橙、红和紫色

‘俏紫’辣椒：淡紫、橙、红和紫

‘玻利维亚彩虹’辣椒

‘中国五彩’辣椒

辣椒的“性别”

甜椒有性别吗？有分公母吗？若你能“下得了厨房”，又是个细心的人，那你会发现甜椒的底部突起，有的分成三块，有的则分为四块。

底部分成“三块”和“四块”的甜椒

曾有种说法，辣椒底部分成三块就是公的，四块就是母的。而厨师们在挑选甜椒时，尤其偏爱公的甜椒，他们认为“母”甜椒里有很多辣椒籽，把籽掏空，剩下可食用的肉质部分就少了，而“公”甜椒正好相反。另外，厨师们认为“母”甜椒因为味道偏甜，适合生吃凉拌；而“公”甜椒味道稍许偏苦，更适合煮熟后食用。

其实，这种说法是错误的。辣椒分为公母只是人们的一种观念。首先，辣椒是自花授粉作物，一株花上既有雌花又有雄花，一朵花中同时有雌蕊和雄蕊，仅凭这一点就已经可以否定公母辣椒这一说法了。其次，甜椒底部的分割，在学术上称为“果腔”。甜椒果实的内果壁和薄壁细胞组织之间有一层细胞，这层细胞既有空气又具有纤维结构，它起着限制果肉细胞分裂向内发展的作用，从而形成中空果腔。甜椒有单个或多个（3 ～ 6个或更多）果腔，体积越大的甜椒就有越多的果腔。但并非果腔数量越多就形成更多的种子，它们之间并无联系。果腔数量与品种和生长条件有着直接的关系。

第四部分 辣椒的品种

本章重点介绍了123个辣椒品种，并通过味觉将辣椒分为甜椒和辣椒两类，并且在介绍这两类时，再结合本书的分类体系（辣椒、黄灯笼辣椒、浆果状辣椒和灌木状辣椒）将品种进一步细分。

此外，介绍品种时还涉及其来源地、育产地、品种文化和品种特征。来源地是辣椒品种的起源地，即发现该辣椒品种的地方、城市或国家。育产地是辣椒品种被驯化、栽培的地方。品种文化是辣椒在当地的语言表述（包括名字、别名、方言等），以及辣椒融入当地文化的影响与传播——有些辣椒品种被当地人代代相传，甚至成为国家文化特色的标志。根据这些品种文化资料展开辣椒背后的一个个故事，比如辣椒品种名的由来、当地的辣文化、经典辣椒的传奇故事等。在介绍每个辣椒品种的时候，还列出品种的植株高度、果实形状、大小和颜色等形态特征，以及辣度等信息。

辣椒品种繁多，除了其自身的“外貌”，每当我们食用辣椒时，还能分享有关辣椒的点点滴滴，让简单的食物满载文化内涵。

甜椒品种

甜椒在生活中最为常见。在植物学分类中，一般的甜椒都属于辣椒类作物，但也有例外，比如‘哈瓦纳达’辣椒属于黄灯笼辣椒，但它又是个甜椒品种。当然，别认为甜椒只有市场上常见的绿色和黄色，其实还有红色、白色、紫色、橙色、巧克力色等。在果实形状方面，也不只是灯笼椒，而是各式各样，超出你的想象。在口感上，甜椒甜而多汁，让人“爱不释口”。

‘白色圆椒’辣椒

‘白色圆椒’辣椒很早就被食用。1796年，它在《美国烹饪》（*Amerlia Simmons*）一书中被提到，这本书也被认为是一本历史悠久的美国菜谱。该辣椒品种是白色系列的辣椒，极为少见，而且植株矮生紧凑，极适合盆栽。学名中“Bullnose”是“牛鼻”的意思，由辣椒果实的形状而来。果皮光滑，果色从初始时为白色，成熟时变为橘红色或红色。口感温和，成熟后更甜，常

‘白色圆椒’辣椒

用于烤食，或作填料，或切成环状后用于制作沙拉或炒食。

育产地：美国密苏里

学名：*Capsicum annuum* ‘Albino Bullnose’

株高：40 ～ 46 cm

花色：白色

果形：块形

果色：白色—红/橘色

果实大小：长5 ～ 7 cm，宽2 ～ 4 cm

‘科尔巴茨’辣椒

这个辣椒果实的形状极像土耳其当地的短剑。由于口感甘甜，产量较大，受到人们的喜爱。纤细的果实呈各种扭曲状，宛如青蛇，果色从亮绿色到亮红色，极大提升了它的观赏价值。可用于腌制或油炸食用。

‘科尔巴茨’辣椒

来源地：土耳其

学名：*Capsicum annuum* ‘Corbaci’

株高：90 ～ 100 cm

花色：白色

果形：细长形

果色：亮绿色—黄色—橙

色—红色

果实大小：长15～17 cm，宽1 cm

‘克里奥厨房’辣椒

1988年，尼加拉瓜的农民培育了这个辣椒品种。该品种的果实外皮较皱，似有褶皱的灯笼，果色从绿色变为红色。味道独特，具有浓郁的辣椒味，微甜，常用于制作甜椒酱，或用于做馅。

来源地：尼加拉瓜

学名：*Capsicum annuum* ‘Criolla De Cocina’

株高：60～70 cm

花色：白色

果形：块形

果色：绿色—橙色—红色

果实大小：长8～11 cm，宽5～6 cm

‘克里奥厨房’辣椒

‘甘博’辣椒

学名中的“Gamba”意为红色甜辣椒，这个品种的起源并不为人所知。辣椒形状很特别，扁平的果实初为绿色，成熟时为红色。适合烹饪，

‘甘博’辣椒

可用于炒、烤或作馅，常与洋葱搭配在一起食用。

学名：*Capsicum annuum* ‘Gamba’

株高：45 ～ 60 cm

花色：白色

果形：块形

果色：绿色—红色

果实大小：长 7 cm，宽 5 cm

‘午夜梦’辣椒

该品种为黑色系列的甜椒品种，闪闪发光的深紫色显得格外出众。植株很紧凑。果皮光滑、有光泽，从起初的绿色到紫色再变为成熟后的深红色。味道温和，清脆且多汁，常用于制作沙拉。

‘午夜梦’辣椒

育产地：美国

学名：*Capsicum annuum* ‘Midnight Dreams’

株高：60 ～ 70 cm

花色：白色

果形：块形

果色：绿色—紫色—红色

果实大小：长 7 ～ 10 cm，

宽5 ～ 8 cm

‘巧克力铃铛’辣椒

果如其名，这是迷你型甜椒品种。它的果实呈扁铃铛形，宽度和高度都在3 cm左右，小巧玲珑。果实在生长过程中可从绿色变为巧克力色。这个品种的辣椒常被腌制成罐头，或做成沙拉鲜食，或用切碎的白菜填在辣椒里烤着食用。另外，像这类迷你型甜椒，还有‘黄铃铛’辣椒、‘红铃铛’辣椒、‘红调料’辣椒和‘黄调料’辣椒四个品种。后两个辣椒品种的植株直立性明显，且分枝较少。

来源地：美国俄亥俄州

学名：*Capsicum annuum*‘Miniature Chocolate’

株高：50 ～ 60 cm

花色：白色

果形：块形

果色：绿色—巧克力色（棕色）

果实大小：宽3 ～ 4 cm，高3 cm

‘黄调料’辣椒

‘黄调料’辣椒由来自印第安纳州的埃米什（Amish）培育。1950年，她的祖母在宾夕法尼亚州的兰开斯特将这个辣椒品种传给了她。该辣椒品种的果实初为绿色，成熟后为橘色，可用于制作沙拉或填料食用。

来源地：美国

学名：*Capsicum annuum*‘Sweet Yellow Stuffing’

株高：40 ～ 55 cm

‘巧克力铃铛’辣椒

‘黄铃铛’辣椒

‘黄调料’辣椒

‘红调料’辣椒

花色：白色

果形：圆形

果色：绿色—橘色

果实大小：高 2 ～ 4 cm，宽 2 ～ 3 cm

‘番茄形褶皱’辣椒

这个奇怪的辣椒品种在匈牙利的玛塔弗瑞德（Matrafured）农贸市场上被收集到，果实似迷你南瓜，随后在匈牙利森特什（Szentes）栽培，在当地小有名气，又被称为“奶酪辣椒”。匈牙利人喜爱食用奶酪，“奶酪辣椒”这个绰号的由来就是因为制造商常用这种辣椒来烘制他们的奶酪，‘番茄形褶皱’辣椒的果实有绿色、橙色和红色，可为食物增添多种颜色使其变得更加秀色可餐，在布达佩斯的烹饪中也被广泛使用。这个辣椒果肉脆而多汁，常用于沙拉、调味汁或烤煎食用等。

‘番茄形褶皱’辣椒

来源地和育种地：匈牙利

学名：*Capsicum annuum*‘Paradicsom Alaku Sarga Szentes’

株高：40 ～ 50 cm

花色：白色

果形：块形

果色：绿色—橙色—红色

果实大小：高3 ～ 4 cm，宽6 ～ 7 cm

‘库里奥’辣椒

根据学名，我们就能猜出这个辣椒品种来源于意大利。1915年，

‘库里奥’辣椒（示不同颜色果实）

《市场公报》（*Market Bulletin*）首次提到这个辣椒，该刊物是当地专门介绍农产品、农业项目、园艺等信息的刊物。神奇的是，这古老的品种是由两个巨型的方形辣椒‘那不勒斯’辣椒和‘诺切拉’辣椒杂交而来，果实味道偏甜，果肉脆而多汁。这种带有高遗传不稳定性的杂交特征受到了关注。在2000年，当地还成立了“库里奥辣椒保护联合会”，专门负责对这个辣椒品种进行保护和研究。2年后，有人在一次旅行中得到了‘库里奥’辣椒种子，将其扩散到其他地方。

来源地和育种地：意大利库里奥

学名：*Capsicum annuum* ‘Peperone di Cuneo’

株高：50 ～ 60 cm

花色：白色

果形：圆形

果色：绿色—黄色—红色

果实大小：高7 ～ 8 cm，宽6 cm

‘狮子唐辛子’辣椒

‘狮子唐辛子’辣椒

‘狮子唐辛子’辣椒果实的尖端似狮子的头部，名字中的“狮子”就由此而来。这个辣椒品种是西班牙辣椒（Pepper Pardon）的亲戚。果实从初始时的绿色变为深绿色，成熟后为红色。因其褶皱的果皮像红姑娘的果实，别名为“红姑娘辣椒”。这个辣椒品种在果实未成熟就被食用，而且果皮必须是没有一点红色，常用于制作沙拉或调味品，也可烤食或油炸。此外，这个品种的与众不同还在于它在辣度上有双重身份，既属甜椒又属辣椒。在日本和歌山的贵志川（Kishigawa, Wakayama）的农业检测中心，专家发现同株辣椒上，10个果实中必有1个是辣的，且辣度在100～1 000 SHU。至今为止，专家们都无法解释出为什么在同一株植物上会含有不同辣度的辣椒。

来源地：日本

育种地：日本、韩国

学名：*Capsicum annuum* ‘Shishito’

株高：45～60 cm

花色：白色

果形：细长形

果色：绿色—红色

果实大小：长4～6 cm，宽1～1.5 cm

‘梅尔罗斯’辣椒

在20世纪70年代，这个辣椒品种在美国芝加哥地区被广泛种植，极受人喜爱。它的果实成熟后味道非常甜，此外，由于果皮薄，常用来油炸食用，当地许多餐馆都有用‘梅尔罗斯’辣椒制作的菜肴。这个甜青椒品种形似意大利辣椒，但为何来到了芝加哥呢？

这里有两个传说。有人说在1880—1920年时，正是大量意大利人向其他国家移民的时期，一个意大利的家庭移民到了伊利诺伊州的梅尔罗斯公园，使得这一辣椒品种随之而来。还有一种说法认为这个辣椒是由梅尔罗斯公园的小商贩杂交育种出来的。然而，2017年8月的《芝加哥论坛报》（*Chicago Tribune*）解开了这个谜团。确实有一对意大利移民夫妇在1903年带着辣椒种子来到了美国，当时他们只想依靠销售辣椒果实来维持生计。不久，他们来到了芝加哥的郊区（梅尔罗斯公园所在地）种植了这个辣椒，并以这个地方来命名。

‘梅尔罗斯’辣椒

来源地：意大利

育种地：芝加哥

学名：*Capsicum annuum* ‘Melrose’

株高：50 ～ 60 cm

花色：白色

果形：三角形

果色：绿色—红色

果实大小：长8 ～ 10 cm，宽2 ～ 3 cm

‘保加利亚胡萝卜’辣椒

‘保加利亚胡萝卜’辣椒来源于保加利亚。这个辣椒品种的果实形状与‘羊鼻’辣椒有些相似，外皮微微皱起，多纵沟，但‘保加利亚胡萝卜’辣椒的果实更扁一些，更似番茄。果实初为绿色，成熟时为红色。

来源地：保加利亚

‘保加利亚胡萝卜’辣椒

学名：*Capsicum annuum*‘Bulgarian Ratund’

株高：60 ～ 65 cm

花色：白色

果形：块形

果色：绿色—红色

果实大小：长5 ～ 7 cm，宽2 ～ 3 cm

‘乔治斯库巧克力’辣椒

‘乔治斯库巧克力’辣椒原产于罗马尼亚，种子来源于保加利亚的一位辣椒收藏者。该辣椒品种属于甜椒品种中的黑色系列，其果实初为绿色，成熟后为巧克力色，且外皮褶皱，味道极佳。

来源地：罗马尼亚

学名：*Capsicum annuum*‘Georgescu Chocolate’

株高：55 ～ 60 cm

花色：白色

果形：块形

果色：绿色—巧克力色

果实大小：长8 cm，宽4 ～ 6 cm

‘乔治斯库巧克力’辣椒

‘安提瓜大红’辣椒

‘安提瓜大红’辣椒来源于危地马拉的安提瓜岛，它在这个美丽且历史悠久的小镇上被栽培了多年。该辣椒品种为晚熟品

‘安提瓜大红’辣椒

种，果实较长，渐尖，生长过程中颜色从绿色变为红色，味道十分甘甜，是当地农民最爱栽培的品种。

来源地：危地马拉安提瓜岛

学名：*Capsicum annuum*‘Large Red Antigua’

株高：65 ～ 80 cm

花色：白色

果形：钟形

果色：绿色—红色

果实大小：长 12 ～ 18 cm，宽 4 ～ 5 cm

‘唇膏’辣椒

‘唇膏’辣椒来源于匈牙利，属于西班牙甘椒（Pimento Pepper），在西班牙语中“Pimento”意为甜椒。该辣椒品种为早熟品种，果实初为绿色，成熟后为红色，果肉厚且多汁，比其他甜椒品种更芳香，味道极甜，可用于制作沙拉或烤食。

来源地：匈牙利

学名：*Capsicum annuum* ‘Lipstick’

株高：40 ～ 60 cm

花色：白色

果形：三角形

果色：绿色—红色

果实大小：长8 ～ 10 cm，宽3 ～ 6 cm

‘唇膏’辣椒

‘拨弦’辣椒

‘拨弦’辣椒的学名中的“Himo”，日语译为“字符串”，因为这个辣椒品种的果实又细又长，既有像铅笔一样直的，也有各种扭曲状的，远远望去就如字符串挂在植物上。该辣椒品种来自日本拥有着联合国教科文组织世界遗产较多的古老地区——奈良县山区，在当地被选为奈良县的传统蔬菜。当地居民多年来一直食用这种辣椒的绿色果实，它的味道几乎是苦涩的青椒味，略带点辣味。

‘拨弦’辣椒

来源地：日本

学名：*Capsicum annuum*‘Himo Togarashi’

株高：60 ～ 75 cm

花色：白色

果形：细长形

果色：绿色—红色

果实大小：长 10 ～ 15 cm，宽 0.5 cm

‘丁香铃’辣椒

学名中的“Lilac”意为淡紫色，该辣椒品种的名字因其果实颜色而来。‘丁香铃’辣椒的果实初为象牙色，然后变成紫色，成熟后为深红色；深红色的果实比紫色的更甜一些。这个品种的产量较高，也是制作沙拉的极好材料，还可以用于墨西哥的传统家常菜法士达（fajita）料理。

‘丁香铃’辣椒

来源地：尚不明确

学名：*Capsicum annuum* ‘Lilac Bell’

株高：45 ～ 50 cm

花色：白色

果形：块形

果色：象牙色—紫色—深红色

果实大小：高5 ～ 8 cm，宽5 ～ 6 cm

‘玛塔波尔卡’辣椒

‘玛塔波尔卡’辣椒来源于波兰。果实较大，初为绿色，成熟后为金黄色，味道鲜美且多汁。

来源地：波兰

学名：*Capsicum annuum* ‘Marta Polka’

株高：70 ～ 90 cm

花色：白色

‘玛塔波尔卡’辣椒

果形：块形

果色：绿色—金黄色

果实大小：高 8 ～ 10 cm，宽 5 ～ 6 cm

‘欧达’辣椒

‘欧达’辣椒属甜椒品种中的紫色系列。果柄向下弯曲，果实初为淡紫色，成熟后为红色，味脆而多汁。

来源地：尚不明确

学名：*Capsicum annuum* ‘Oda’

株高：60 ～ 65 cm

花色：白色

果形：块形

果色：紫色—红色

果实大小：长 7 ～ 8 cm，宽 5 ～ 6 cm

‘欧达’辣椒（左图为未成熟时果实，右图为成熟时果实）

‘敖德萨市场’辣椒

‘敖德萨市场’辣椒是1965年在乌克兰黑海地区敖德萨的农贸市场中被发现的。这个辣椒品种的果色艳丽，果质肉脆，味甜而多汁。

来源地：乌克兰

学名：*Capsicum annuum* ‘Odessa Market’

株高：45 ～ 60 cm

花色：白色

果形：三角形

果色：淡黄绿色—橙色—红色

果实大小：高8 ～ 10 cm，宽5 ～ 6 cm

‘敖德萨市场’辣椒

‘贝加莫香烟’辣椒

‘贝加莫香烟’辣椒原产于意大利米兰的贝加莫地区，因形似香烟而得名。该辣椒品种的果实初为浅绿色，成熟后为红色；常常用于拌沙拉，或腌制烤制后食用。

来源地：意大利

学名：*Capsicum annuum* ‘Sigaretta De Bergamo’

株高：35 ～ 45 cm

果形：细长形

果色：绿色—红色

果实大小：长12 ～ 16 cm，宽2 ～ 2.5 cm

‘贝加莫香烟’辣椒

‘红番茄’辣椒

学名中的“Topepo Rosso”译为红番茄。‘红番茄’辣椒来源于意大利，因形似番茄而得名。该辣椒品种的果实初为绿色，成熟后为红色，果肉酥脆，味道十分香甜，常用于填料或烧烤后食用。最经典的一道菜肴就是将‘红番茄’辣椒挖空后，用一种无盐干酪和凤尾鱼或肉填充，然后烤食。

来源地：意大利

‘红番茄’辣椒

学名：*Capsicum annuum*‘Topepo Rosso’

株高：40～60 cm

花色：白色

果形：块形

果色：绿色—红色

果实大小：高2～3 cm，宽4～5 cm

‘紫罗兰闪光’辣椒

‘紫罗兰闪光’辣椒来源于俄罗斯。这个辣椒品种的果实颜色十分特别，初为黄绿色，随后带有紫色条纹，再变为紫色，成熟后又变为红色。果实味偏甜且多汁。

‘紫罗兰闪光’辣椒

来源地：俄罗斯

学名：*Capsicum annuum*‘Violet Sparkle’

株高：35～45 cm

花色：白色

果形：三角形

果色：黄色—紫色

果实大小：长9 cm，宽4～5 cm

‘白云’辣椒

‘白云’辣椒来源于美国。果实为铃铛形，初为象牙色，成熟后为红色或橘色。味道脆甜多汁，适合盆栽。

来源地：美国

学名：*Capsicum annuum* ‘White Cloud’

株高：45 ～ 60 cm

花色：白色

果形：块形

果色：白色—红色

果实大小：长10 ～ 12 cm，宽3 ～ 5 cm

‘白云’辣椒

‘鸟眼宝宝’辣椒

市场上常见的红、绿色的灯笼椒或尖头椒的长度一般都在10 ～ 20 cm，即使观赏五彩椒，它的果实长度也在4 ～ 6 cm，但‘鸟眼宝宝’辣椒只有2 cm。但千万别小看这个小果实，其辣度却非常高，是我们日常食用的普通辣椒的上千倍。

‘鸟眼宝宝’辣椒不仅果实可食用，叶子也可食用。在柬埔寨、老挝、泰国、马来西亚、印度尼西亚、菲律宾及印度等多个国家都十分受欢迎，常用于传统的菜肴中。此外，该辣椒品种的果实还是良好的驱虫剂。

来源地：尚不明确

学名：*Capsicum annuum* ‘Bird’s Eye Baby’

株高：30 cm

花色：白色

果形：锥形

果色：绿色—红色

果实大小：长2 cm，宽0.5 cm

辣度：100 000 ～ 250 000 SHU

‘鸟眼宝宝’辣椒

‘哈瓦纳达’辣椒

这个辣椒品种是哈瓦那辣椒家族中的第一个带有甜味的辣椒品种。一般的哈瓦那辣椒的辣度在100 000 ～ 350 000 SHU，非常辣。然而，这个品种却相反，完全不辣，它是由来自康奈尔大学（Cornell University）的马佐雷（M. Mazourek）培育出。起初马佐雷的想法很简单：有个自己喜欢的甜椒，并分享给身边那些不爱吃辣的朋友们！

于是“育种旅程”就这样开启。不过没多久他便意识到育种并非易事，但仍然坚持不断摸索尝试。他发现世界上有着千奇百味的辣椒，但几乎没有一种辣椒的口感尝起来是花香般的味道。在他的努力下，‘哈瓦纳达’辣椒诞生了。喜欢哈瓦那辣椒系列的可以不用再畏惧它的辣度，可以选择一个不辣且带有果味花香的哈瓦那辣椒，一时间，这个辣椒捕获了大批农民、厨师和食客的心。

来源地和育种地：美国

学名：*Capsicum chinense* ‘Habanada’

株高：85 ～ 100 cm

花色：白色

果形：块形

果色：白色—浅黄色—亮橙色

果实大小：长4 ～ 6 cm，宽2 ～ 3 cm

‘哈瓦纳达’辣椒（示不同颜色果实）

辣椒品种

相比甜椒，辣椒品种具有更丰富的分类。本章根据辣椒、黄灯笼辣椒、浆果状辣椒和灌木状辣椒依次来介绍相关品种。其中，果实形状最多变的品种属辣椒类作物，果实较为少见的属浆果状辣椒和灌木状辣椒，果实最辣的属黄灯笼辣椒。挤进世界辣度排名前列的品种都是在黄灯笼辣椒群里，让我们细细品味。

辣椒（*Capsicum annuum*）

‘黑色匈牙利’辣椒

原产于美洲的‘黑色匈牙利’辣椒已有几千年的栽培历史。它先是由西班牙人和葡萄牙人从美洲带回欧洲，后来在匈牙利的基什孔费莱吉哈佐（Kiskunfélegyháza）被重新发现。由于具有黑紫色的果实，成为非常稀有的观赏辣椒。这个辣椒品种除了果实是黑紫色外，花序也是黑紫色的。它的果实大小和形状与墨西哥辣椒相似，味道十分独特。

来源地：意大利

育种地：芝加哥

学名：*Capsicum annuum*‘Black Hungarian’

株高：55 ～ 60 cm

‘黑色匈牙利’辣椒

花色：紫色

果形：三角形

果色：绿色—紫色—深红色

果实大小：长4～5 cm，宽2～3 cm

辣度：5 000～10 000 SHU

‘卡宴金色’辣椒

‘卡宴金色’辣椒起源于哥伦布时期的卡宴辣椒，是历史悠久的辣椒品种。“卡宴”二字由法国英属圭亚那的卡宴河而来。该系列辣椒的果实一般是从绿色变为红色，如‘山羊角’辣椒、‘卡宴细长’辣椒、‘火环’辣椒，随后颜色变得更为丰富，出现金黄色果实的‘卡宴金色’辣椒和紫色的‘布埃纳混血姑娘’辣椒（见后文），在拥有高产量的同时，又一次提升了卡宴辣椒的观赏价值。其中，‘卡宴

‘卡宴金色’辣椒

‘火环’辣椒

‘卡宴细长’辣椒

金色’辣椒的味道也更辣一些，而‘火环’辣椒是2016年培育出的新品种，也是卡宴辣椒的进化版，植株矮小，直立性强，避免了结果期常出现的植株倒伏问题，辣度相较其他的卡宴辣椒更胜一筹。

来源地：法国

育种地：美国、印度、东非、墨西哥

学名：*Capsicum annuum* ‘Golden Cayenne’

株高：70 ～ 90 cm

花色：白色

果形：细长形

果色：绿色—金黄色

果实大小：长13 ～ 18 cm，宽1 ～ 2 cm

辣度：30 000 ～ 50 000 SHU

还有名为‘莫尔红’辣椒的辣椒品种也属于卡宴辣椒系列，果实比其他的卡宴品种粗壮一点，形似女人手指，因此又有“Lady Finger”的别称。1912年，费城的一家种子公司得到了这个

‘莫尔红’辣椒

品种的种子。该辣椒品种原产于墨西哥，并在那里被栽培了几千年，后被西班牙人和葡萄牙人带到欧洲和他们的殖民地，从而使其得到扩散。该辣椒品种的果实可用于制作辣椒酱或干辣椒。

来源地：墨西哥

学名：*Capsicum annuum*‘Maule’s Red’

株高：50 ～ 60 cm

果形：细长形

果色：绿色—红色

果实大小：长13 ～ 18 cm，宽2 ～ 3 cm

辣度：30 000 ～ 50 000 SHU

‘布埃纳混血姑娘’辣椒

1944年，一个名叫皮平（H. Pippin）的非裔美国民间艺术家收集

‘布埃纳混血姑娘’辣椒

到了这个特别的辣椒品种，然而却没人知道它从何而来。不过，在一本古老的加勒比食谱中记录：这个品种的辣椒酱曾于1920年出现在古巴，辣椒酱品牌名叫“Buena Mulata”（“The Merry Mulata”），瓶标签上还有张混血女人的微笑图。因此，有人推测这个辣椒酱的原材料就是‘布埃纳混血姑娘’辣椒。但至今尚未得到证实。

这个辣椒品种也属于卡宴辣椒，并且是少有的紫色系。它的果实细长，似茄非茄，第一眼看到它都会错认为是茄子，果实颜色多变，让人爱不释手。

来源地：古巴

育种地：美国

学名：*Capsicum annuum* ‘Buena Mulata’

株高：60 ～ 70 cm

花色：紫色

果形：细长形

果色：紫色—粉色—淡黄色—橙色—深红色

果实大小：长10 ～ 13 cm，宽2 ～ 3 cm

辣度：30 000 ～ 50 000 SHU

‘埃塞俄比亚棕色’辣椒

‘埃塞俄比亚棕色’辣椒来自一个名叫塞拉皮奥（C. Serapio）的人，他十分喜爱收集辣椒的种子，这个辣椒种子便是他从一位埃塞俄比亚夫人那里得到的。1520—1770年，葡萄牙人把辣椒传到了埃塞俄比亚。在当地，绿色的果实被称为“karia”，红色的则被称为“wot”，辣椒粉被称为“berebere”。此外，辣椒在那里十分受欢迎，没有辣椒的食物被视为平淡无味的。该辣椒的果实初为绿色，成熟后为棕色，因果色而得其名。

来源地：埃塞俄比亚

学名：*Capsicum annuum*‘Ethiopian Brown’

株高：85 ～ 90 cm

花色：白色

果形：细长形

果色：绿色—棕色

‘埃塞俄比亚棕色’辣椒

果实大小：长11～14 cm，宽2～4 cm

辣度：30 000～50 000 SHU

‘飞鱼’辣椒

‘飞鱼’辣椒流行于美国的费城和巴尔的摩地区，广受非裔美国人的喜爱。早在19世纪70年代，该辣椒品种就以明亮的颜色、清脆且带点微辣的口感变得出众，常被用来烹饪鱼类和贝类，或用来调制辣椒沙司或辣椒酱。在那时，没有人关注烹饪中使用的辣椒品种，甚至连料理书籍也没有对其有过记载，但厨师们常使用它的幼果制作白奶油酱，用于海鲜料理。幸运的是，这个辣椒一直被一位黑人收藏和栽培着，而那个人正是皮平。随后，他为了感谢曾救助过他的恩人，把辣椒种子带到了宾夕法尼亚西切斯特，不久就扩散到更多的地方。

据推测，‘飞鱼’辣椒可能是山地干辣椒或卡宴辣椒的突变，并带有白化病的隐性基因，但至今未被证实。这个辣椒品种有着绿色和白色交杂的美丽叶子，果实的颜色会从奶油色伴有绿色条纹转变成成

‘飞鱼’辣椒

熟时的橙色伴有棕色条纹，最后会变为红色，既可观赏又可食用，产量较高，是辣椒属中最为出挑的品种。

育种地：美国

拉丁名：*Capsicum annuum* ‘Fish’

株高：45 ～ 60 cm

花色：白色

果形：细长形

果色：绿色（带条纹）—红色（带条纹）

果实大小：长 6 ～ 10 cm，宽 5 ～ 6 cm

辣度：3 500 ～ 10 000 SHU

‘匈牙利热蜡’辣椒

这个辣椒品种与‘甜香蕉’辣椒相似，但后者的辣度只有 500 SHU，远低于‘匈牙利热蜡’辣椒的辣度。该品种的果实具有蜡一样的质地，因而名字中有个“wax”，又称为‘匈牙利黄色’辣椒，

‘匈牙利热蜡’辣椒

这和果实的颜色有关联。果实的颜色十分亮丽，从起初的淡黄绿色变为橙色，成熟后为红色，产量较大，常被用于制作沙司蘸料、沙拉及罐头等。

来源地：匈牙利

学名：*Capsicum annuum* ‘Hungarian Hot Wax’

株高：65 ～ 80 cm

花色：白色

果形：细长形

果色：淡黄绿色—橙色—红色

果实大小：长11 ～ 16 cm，宽3 ～ 5 cm

辣度：5 000 ～ 10 000 SHU

‘希腊’辣椒

‘希腊’辣椒的果皮褶皱，有光泽，味微辣。学名中的“Pepperoncini”（是pepperoncino的复数形式）在意大利语中是红辣椒的意思。这个辣椒品种到了意大利后，只作为装饰物，人们不食用它，甚至一度认为其有毒。后来由于价廉味美才逐步在下层人群中被广泛食用。1694年，‘希腊’辣椒与番茄、洋葱、薄荷、盐和橄榄油一起被制作为调味品食用，这也是其首次在食谱中被记载使用。如今，人们使用各种烹饪方式来食用它，如油炸、剁碎、腌制等。

在意大利当地，有种甜椒被称作‘金希腊’辣椒，这个辣椒腌制后食用，因含有甜味而广受欧洲和美国等地人们的喜爱，但它却经常被美国人混淆，称之为“pepperoncini”，其实两者完全不同。

来源地：希腊和意大利

学名：*Capsicum annuum* ‘Italian Pepperoncini’

株高：65 ～ 70 cm

‘希腊’辣椒

花色：白色

果形：细长形

果色：绿色—红色

果实大小：长7～10 cm，宽3 cm

辣度：100～500 SHU

‘葡萄干’辣椒

这个辣椒品种生长于墨西哥本土。学名中的“Pasilla”，在西班牙语中意为“小葡萄干”。它的果实颜色似葡萄干的暗褐色，由于颜色极深，又被称为“黑辣椒”，常用于制作海鲜沙司或辣椒粉。

‘葡萄干’辣椒

来源地：墨西哥

学名：*Capsicum annuum* ‘Pasilla Bajío’

株高：75 ～ 80 cm

花色：白色

果形：细长形

果色：深绿色—深棕色

果实大小：长 11 ～ 20 cm，宽 1 ～ 2 cm

辣度：250 ～ 3 999 SHU

‘巴布兰诺’辣椒

在墨西哥中东部的普埃布拉州，当地人普遍食用这种辣椒。该辣椒品种果实呈心形，颜色从初始时的绿色变为深墨绿色，成熟后为红褐色，果肉厚实；在口感上，红褐色的味道会稍许甜一些，而绿色的果实略辣，常用于墨西哥国菜中。

‘巴布兰诺’辣椒

红色果实干燥后的‘巴布兰诺’辣椒又名‘宽椒’辣椒（Ancho），是所有干辣椒中最甘甜的，常用于制作沙司、辣椒粉或莫莱酱（Mole sauce）。‘宽椒’辣椒、‘葡萄干’辣椒和穆拉托干椒（Mulato）是组成传统莫莱酱所必不可少的“辣椒三圣”。

来源地：普埃布拉

发育地：墨西哥

学名：*Capsicum annuum* ‘Poblano’

株高：100 ～ 150 cm

花色：白色

果形：钟形

果色：绿色—红褐色

果实大小：长 7 ～ 14 cm，宽 5 ～ 7 cm

辣度：1 000 ～ 2 000 SHU

‘红色马其顿’辣椒

这个辣椒品种来源于马其顿共和国内的一个小村庄。它在当地被称为“Vezeni Piperki”，意思是“刺绣”，因为辣椒的果皮上有一条条不规则的线条，随着果实的生长，辣椒上仿佛被绣满了花纹。在生长过程中，辣椒果实从绿色变为红色，味道有些辛辣。

‘红色马其顿’辣椒

来源地：马其顿共和国

学名：*Capsicum annuum* ‘Rezha Macedonian’

株高：30 ～ 45 cm

花色：白色

果形：细长形

果色：绿色—红色

辣度：1 000 SHU

‘彼得’辣椒

这个品种造型独特，并曾在美国《达拉斯早晨新闻》中被提及。该品系非常稀有，它的来源和历史仍然是个谜。‘彼得’辣椒有橙色和黄色两个品种，味道辛辣，在美国被广泛栽培和食用。

来源地和育种地：美国

学名：*Capsicum annuum* ‘Yellow Peter’

株高：40 ～ 45 cm

‘彼得’辣椒

花色：白色

果形：三角形

果色：绿色—黄色

果实大小：长5～7 cm，宽2～3 cm

辣度：5 000～30 000 SHU

‘突尼斯巴克洛地’辣椒

‘突尼斯巴克洛地’辣椒

从外观来看，这个辣椒并无特别之处，但常常出现在各类食物中。在突尼斯当地人们常将其用于传统烹饪中，可与蒸粗麦粉一起食用，称为Harisa，也可烤、填料或作调味品食用。‘突尼斯巴克洛地’辣椒的绿色果实和Agramato橄榄一起，成为世界上唯一与橄榄油搭配制作成的辣椒橄榄油。

来源地：突尼斯罗马帝国

学名：*Capsicum annuum*‘Tunisian Baklouti’

株高：70～80 cm

果形：细长形

果色：绿色—红色

果实大小：长7～12 cm，宽3～4 cm

辣度：1 000 ～ 5 000 SHU

‘阿纳海姆’辣椒

1894年，一个名叫奥尔特加（E. Ortega）的农民把这个辣椒从美国新墨西哥州带到了加利福尼亚州，后来在阿纳海姆的南部被广泛种植，所以又名“加利福尼亚辣椒”。在栽培过程中，果实的颜色从绿色变为红色，口感较甜，常用于制作辣椒酱、辣椒粉等或在腌泡、烘烤后食用。不过，不同地方栽培的‘阿纳海姆’辣椒会有不同的辣度，这和土壤、气候有着密切的关系。在加利福尼亚州栽培时，辣度在500 ～ 2 500 SHU，而在新墨西哥州栽培时，辣度在500 ～ 10 000 SHU。

‘阿纳海姆’辣椒

来源地：新墨西哥

育种地：加利福尼亚

学名：*Capsicum annuum*‘Anaheim’

株高：45～60 cm

花色：白色

果形：细长形

果色：绿色—红色

果实大小：长7～11 cm，宽2～3 cm

辣度：1 000 SHU

‘大山坦佩雷’辣椒

这个辣椒品种属于山地干辣椒（Serrano）。山地干辣椒原产于墨西哥普埃布拉州（Puebla）和伊达尔戈州（Hidalgo）山地，而“Serrano”意为“高地”或“大山”，名字即由此而来。未成熟时的绿色辣椒和成熟后的红色辣椒都可食用，但红色的味道更甜，常用来制作辣酱，或生吃，或炙烤、腌泡后食用。山地干辣椒的辣度为10 000～25 000 SHU。

‘大山坦佩雷’辣椒

‘大山坦佩雷’辣椒的果实像个小棍子，也似小香肠，迷你可爱，味道辛辣，常用于制作辣椒酱。

来源地：墨西哥

学名：*Capsicum annuum*‘Serrano Tampequino’

株高：40 ～ 60 cm

花色：白色

果形：细长形

果色：绿色—红色

果实大小：长4 ～ 5 cm，宽2 ～ 3 cm

辣度：6 000 ～ 23 000 SHU

‘紫尖’辣椒

‘紫尖’辣椒

这个辣椒品种属于墨西哥辣椒（Jalapeño）。“Jalapeño”一词来源地方名，是位于墨西哥韦拉克鲁斯州（Veracruz）的哈拉帕镇（Jalapa）。1982年，这个辣椒作为一种食物被带上了太空。绿色墨西哥辣椒可以制作辣酱，或炖食，或腌泡食用等。世界上最好的绿色墨西哥辣椒就生长在美国新墨西哥州的哈奇（Hatch）和里奥格兰德山谷（The Rio Grande Valley）。红色墨西哥辣椒可腌泡食用，可做辣酱、玉米粽（Tamale）、烧辣椒，也可烘烤后加入汤中。红色墨西哥辣椒用火煨熏成干椒时，通常以牧豆树（mesquite）作燃料，熏干后成为“chipotle”，即熏制墨西哥辣椒。

传统墨西哥辣椒的果实只有绿色和红色，而‘紫尖’辣椒让墨西哥辣椒又多了一种颜色——紫色。果实可从初始时的深紫色（有时几乎看似黑色）变为深红色，具有较高的观赏价值，可应用于园林景观中。与其他墨西哥辣椒相比，‘紫尖’辣椒在口感上更甜一些。

来源地：墨西哥

学名：*Capsicum annuum*‘Purple Jalapeno’

株高：45 ～ 60 cm

花色：紫色

果形：锥形

果色：紫色—红色

果实大小：长5 ～ 7 cm，宽2 ～ 3 cm

辣度：2 500 ～ 8 000 SHU

‘手指’辣椒

这是印度最受欢迎的辣椒品种，主要生长在印度西北海岸的古吉拉特邦（Gujarat）。果实在生长过程中从浅绿色变为红色，果皮有些褶皱，形似手指，绿色果实和红色果实均可鲜食或晒干后食用，但红色口感更辣一些。

来源地：印度

学名：*Capsicum annuum*‘Jwala Finger’

株高：60 ～ 90 cm

花色：白色

果形：锥形

果色：绿色—红色

果实大小：长5 ～ 7 cm，宽2 ～ 3 cm

辣度：5 000 ～ 30 000 SHU

‘黑珍珠’辣椒

‘黑珍珠’辣椒是十分稀有的品种，其叶子、花朵和果实全是乌黑的颜色，犹如辣椒中的黑玛瑙，散发着迷人的气质。在美国树木花卉和苗圃植物的植物研究中心（Arboretum Floral and Nursery Plants Research Unit）和农业研究服务中心（Agricultural Research Service，ARS）的蔬菜实验室中，科学家格里斯巴赫（R. Griesbach）和施托梅尔（J. Stommel）发明了这个辣椒。在2006年，‘黑珍珠’辣椒获得了AAS奖（All-Americas Selections，AAS）。这个辣椒与‘黑色匈牙利’辣椒有相似之处，全株都是黑色的，但两者果实的形状不同。

来源地：美国

学名：*Capsicum annuum* ‘Black Pearl’

株高：45 ～ 60 cm

花色：紫色

‘黑珍珠’辣椒

果形：圆形

果色：紫色—红色

果实大小：长 1.6 ～ 1.8 cm

辣度：10 000 ～ 30 000 SHU

‘玻利维亚彩虹’辣椒

‘玻利维亚彩虹’辣椒是极具观赏价值的辣椒品种，一株辣椒的颜色五彩缤纷，有紫色、黄色、橙色和红色。由于果实“外貌出众”，当地人常将其装入容器中作为装饰。‘玻利维亚彩虹’辣椒既可以腌制，也可以制作成沙拉或辣椒酱。

同样具有这样五色辣椒的还有‘中国五彩’辣椒，不过它的果实个头更大一些，产量也比‘玻利维亚彩虹’辣椒少。

来源地：中国

学名：*Capsicum annuum* ‘Bolivian Rainbow’

株高：30 ～ 45 cm

‘玻利维亚彩虹’辣椒

‘中国五彩’辣椒

花色：紫色

果形：三角形

果色：紫色—黄色—橙色—红色

果实大小：长3 cm，宽1 ～ 2 cm

辣度：10 000 ～ 30 000 SHU

‘忧郁之子’辣椒

虽然没有‘玻利维亚彩虹’辣椒和‘中国五彩’辣椒的果实这么绚丽，但‘忧郁之子’辣椒的果实也有3 ～ 4种颜色，初为紫色，随后变为黄色或橙色，成熟后为红色。

来源地：墨西哥

学名：*Capsicum annuum* ‘Filius Blue’

株高：20 ～ 40 cm

花色：紫色

果形：圆形

‘忧郁之子’辣椒

果色：紫色—红色

果实大小：长0.6～1 cm

辣度：30 000～50 000 SHU

‘科万红’辣椒

‘科万红’辣椒品种来源于危地马拉的帕斯地区，在当地被称为Cobanero，用于鲜食和烟熏食用。‘科万红’辣椒最常用于当地一道名叫kak’ik的佳肴中，即传统玛雅人的火鸡汤。该辣椒品种的果实外形多纵沟，底端稍内陷，初为绿色，成熟后为红色。

来源地：危地马拉

株高：75～80 cm

学名：*Capsicum annuum* ‘Coban Red Pimiento’

花色：白色

果形：块形

果色：绿色—红色

‘科万红’辣椒

果实大小：长 10 ～ 12 cm

辣度：<500 SHU

‘克雷格大尖’辣椒

该辣椒品种原产于美国，属于经典的墨西哥辣椒。果实短而粗，初为绿色或带白色纹理，成熟后为红色并带白色纹理。常用于烤食。

育产地：美国

株高：50 ～ 70 cm

学名：*Capsicum annuum* ‘Craig’s Grande Jalapeno’

花色：白色

果形：三角形

果色：绿色—红色

果实大小：长 7 ～ 10 cm，宽 3.5 cm

辣度：5 000 ～ 30 000 SHU

‘克雷格大尖’辣椒

‘智利’辣椒

‘智利’辣椒来源于新墨西哥州的北部，是一个名叫马蒂内（J. Martinez）的人栽培的，该辣椒从它曾曾祖父传至今日。由于栽培在埃斯塔卡里（Estaca）地区的一个名叫埃斯帕诺拉（Espanola）的小村里，因而得其名。其果实顶端稍尖，初为绿色，成熟后从橘色变为红色。绿色果实可用于制作沙司或Chili Verde（一道具有墨西哥风味的料理），也可将果实晒干至暗红色，用于制作辣椒粉。

来源：墨西哥

株高：60 ～ 70 cm

学名：*Capsicum annuum* ‘Estaceno Chile’

花色：白色

果形：三角形

果色：绿色—红色

果实大小：长 9 ～ 12 cm

‘智利’辣椒

辣度：30 000 ～ 50 000 SHU

‘韩国深绿’辣椒

在韩国，辣椒也是多种多样，有些辣有些不辣，而韩国的绿色辣椒又被称为“cheong-gochu”。‘韩国深绿’辣椒就是来源于韩国，它的整个植株株型呈伞状，产量极高。这个辣椒常被用于制作韩国青辣椒酱和青辣椒泡菜。此外，将新鲜辣椒快速冷冻，解冻后仍可保持一定的脆度，在各类佳肴中被广泛使用。

来源：韩国

学名：*Capsicum annuum*‘Korean Dark Green’

株高：60 ～ 90 cm

花色：白色

果形：细长形

果色：深绿色—红色

果实大小：长 9 ～ 12 cm，宽 1 cm

‘韩国深绿’辣椒

辣度：1 000 ～ 5 000 SHU

‘莫仕’辣椒

‘莫仕’辣椒

这个辣椒品种来源于非洲的坦桑尼亚，素有“非洲屋脊”之称的非洲最高山脉——以乞力马扎罗山（Kilimanjaro）的山脚下的莫仕镇。‘莫仕’辣椒就从那被名为威廉姆斯（J. Williams）的人收集到的。这个辣椒品种植株较高，茎干和叶背都能看到密生着的柔毛，摸一下，软软的，滑滑的，这也正是它与众不同的地方。

来源：非洲

学名：*Capsicum annuum* ‘Moshi’

株高：90 ～ 120 cm

花色：白色

果形：细长形

果色：绿色—红色

果实大小：长3 ～ 4 cm，宽1 cm

辣度：15 001 ～ 100 000 SHU

‘圣达菲’辣椒

‘圣达菲’辣椒

‘圣达菲’辣椒在当地被称为黄辣椒，于1965年进入美国市场，是在美国西南部使用最多且产量较高的辣椒品种。果实初为白色，后变为黄色、橙色，成熟后为红色，由于这样暖色调的果实颜色，让当地人们十分偏爱，常常用于腌制或做成沙拉食用。

来源：美国

学名：*Capsicum annuum* ‘Santa Fe Grande’

花色：白色

株高：60 ～ 90 cm

果形：三角形

果色：白色—橙色—红色

果实大小：长5～7 cm，宽1～2 cm

辣度：5 000～30 000 SHU

‘塔姆’辣椒

‘塔姆’辣椒来源于美国，属墨西哥辣椒，但辣度却远小于墨西哥辣椒，味道较为温和。其外皮带有白色纹理，远看像“迷你哈密瓜”，常用于拌沙拉或腌制后食用。

来源：美国

学名：*Capsicum annuum* ‘Tam Jalapeno’

株高：35～45 cm

花色：白色

果形：块形

果色：绿色—红色

果实大小：长5～6 cm，宽4 cm

辣度：1 000～1 500 SHU

‘塔姆’辣椒

‘黄色鸡心’辣椒

早在17、18世纪，一些德国南部人和瑞士人移居美国的宾夕法尼亚州，即美国德裔宾夕法尼亚州人（Pennsylvania Dutch），他们生活在宾州的东部地区。1935年，这个辣椒品种就是在那里的兰开斯特县（Lancaster County）被收集到。在那里，住着一群生活习惯极其特殊的美国人，他们被称为阿米什人（Amish）。他们拒绝现代科技、医疗、教育等，与外界完全隔离，生活也是自给自足。这个辣椒在那里已有150年的历史，早在1832年就曾被提及是制作腌制辣椒或辣椒酱的最理想品种，在宾州，这个辣椒最常用于制作酸辣酱和辣椒醋。

来源：美国

学名：*Capsicum annuum*‘Yellow Hinkelhatz’

株高：60 ～ 70 cm

花色：白色

‘黄色鸡心’辣椒

果形：三角形

果色：绿色—橙色

果实大小：长3 cm

辣度：5 000 ～ 30 000 SHU

黄灯笼辣椒

黄灯笼辣椒是一种火辣辣的辣椒，很多世界排名前列的辣椒品种都在这里。主要有哈瓦那辣椒系列（Habanero Pepper）、苏格兰帽辣椒系列（Scotch Bonnet Pepper）、鬼椒系列（Ghost Pepper）、蝎子辣椒系列（Trinidad Scorpion Pepper）、7锅辣椒系列（7 Pot Pepper）、那伽辣椒系列（Naga Pepper）及卡罗莱纳死神辣椒系列（Carolina Reaper Pepper）。

哈瓦那辣椒是个多彩且多辣度的辣椒品系，果色有红色、橙色、黄色、巧克力色、肉色和白色等；辣度为8 000 ～ 600 000 SHU，少有微辣的品种，但也有不辣的品种（在“甜椒”中已介绍）。常见的品种有‘巧克力哈瓦那’辣椒、‘加勒比红色哈瓦那’辣椒、‘红色沙维那亚伯内洛’辣椒、‘桃红色哈瓦那’辣椒等；稀有品种有‘马来西亚果浓’辣椒（Malaysian Goronong）、‘白色哈瓦那’辣椒、‘阿沃尔’辣椒等，其中，‘马来西亚果浓’辣椒（又名“Coronong”或“Caronong”辣椒）来源于马来西亚，果实有各种扭曲状；‘白色哈瓦那’辣椒以白色果实为稀有；誉有“哈瓦那树辣椒”之称的‘阿沃尔’辣椒植株的高度罕见，可达到2米。哈瓦那辣椒应用也十分广泛，如‘阿希工具’辣椒，来源于巴拿马的加勒比海岸，常用于制作辣酱，还是当地烹饪中顶级风味的重要食材之一。又如，‘桃红色哈瓦那’辣椒也常用于制作辣酱，当地人喜欢用此酱和奶油芝士配着饼干食用。

鬼椒系列主要栽培于印度东北部的阿萨姆邦（Assam）、纳加兰（Nagaland）和曼尼普尔（Manipur）。其中，印度鬼椒、多赛特娜迦辣椒、娜迦莫里奇辣椒、娜迦毒蛇辣椒（Naga Viper pepper）等系列被人们熟知。

这个系列中具有更高辣度的辣椒，当属蝎子辣椒了。它们的果实末端都有一条像蝎子般的尾巴，故而得名毒蝎椒。随着育种技术的快速发展，除红色的果实外，还培育出了橙色、芥末色、巧克力色和黄色的果实。虽然蝎子辣椒五彩缤纷，但辣气逼人。通常，蝎子辣椒的果实都是下垂的，不过，‘日出’特立尼达蝎子椒却十分奇特，犹如其名，它的果实像朝天椒一样向上生长，果色也如太阳般耀眼夺目。除此之外，特立尼达蝎子椒与印度鬼椒相结合后可培育出鬼蝎椒系列，如美国宾夕法尼亚州的一位农民杰伊（Jay）培育的杰伊鬼蝎椒，有红色和桃色两个品种。

与蝎子椒同为“老乡”的还有7锅（7 Pot）辣椒系列。在2017年的世界辣椒排行榜上位列第八名，味道极辣。人们品尝后，会让大脑如果实一般变红、发热，正呼应了它的名字和外形。除了红色7锅，还有‘7锅大脑纹理’辣椒、‘约拿7锅’辣椒、‘杜格拉7锅’辣椒等。

‘加勒比红色哈瓦那’辣椒

该辣椒的起源现已无人可知，但最早对其栽培是在墨西哥的尤卡坦半岛，并十分受当地人的喜爱。随后，由于广泛种植，它也成为加勒比、北美洲和美洲中部佳肴中的组成部分，墨西哥厨师喜爱将其用于沙拉中。这个辣椒品种也是哈瓦那辣椒的近亲，与其有着许多相同特征。顶端略尖，果实从初始时的浅黄绿色变为橙色，最后为亮红色，颜色十分夺人眼球。这个品种在味道上比普通哈瓦那辣椒要更辣一些。

‘加勒比红色哈瓦那’辣椒

拉丁名：*Capsicum chinense*‘Caribbean Red Habanero’

株高：70 ～ 80 cm

花色：白色

果形：块形

果色：绿色—红色

果实大小：长 5 ～ 6 cm，宽 3 ～ 4 cm

辣度：100 000 ～ 350 000 SHU

‘巧克力哈瓦那’辣椒

这个辣椒品种在不同的地方有不同的名字，如黑刚果、黑哈瓦那、牙买加热巧克力、古巴哈瓦那等。它起源于美洲中部，并传播到

‘巧克力哈瓦那’辣椒

墨西哥和加勒比东部地区。当地的那瓦特人称其为“Xocolatl”，但由于Xocolatl太难发音，随后被改为黑色哈瓦那。‘巧克力哈瓦那’辣椒是哈瓦那辣椒中的黑色品种，其辣度在这个系列中名列前茅。

‘巧克力哈瓦那’辣椒与其他哈瓦那辣椒相比，并不只是带给人们舌头炙热的辣感，还有巧克力般与众不同的醇厚风味。它可用于制作沙拉和辣椒酱，比如巧克力哈瓦那辣椒酱。此外，它也是制作墨西哥莫莱（mole）酱的材料之一，Mole酱是‘巧克力哈瓦那’辣椒、坚果、种子和蔬菜的混合物，在墨西哥广受欢迎。

学名：*Capsicum chinense*‘Chocolate Habanero’

株高：80～90 cm

花色：白色

果形：块形

果色：绿色—巧克力色

果实大小：长6～10 cm

辣度：425 000 SHU

‘芥末哈瓦那’辣椒

这个辣椒品种来源于美国宾夕法尼亚州的韦弗（J. Weaver）花

‘芥末哈瓦那’辣椒

园，是韦弗从传统辣椒品种中发现了这个与众不同的品种，并收集和种植它，它的果实性状很稳定，形状非常奇特，味道十分辛辣。该辣椒的名字因其果实颜色而来，果实初为浅绿色与紫色，成熟时为芥末色，最后为黄芥末色。常用于制作辣椒酱。

学名：*Capsicum chinense* ‘Mustard Habanero’

株高：75 ～ 85 cm

花色：白色

果形：块形

果色：浅绿色—浅绿色带有紫色斑驳—黄芥末色

果实大小：宽 5 cm

辣度：200 000 ～ 300 000 SHU

‘多巴哥调味品’辣椒

这个辣椒品种是杰夫（J. Nicho）博士于1999年在北美洲特立尼达岛的多巴哥市场上收集到的。虽然属于哈瓦那辣椒，可它的辣度却不及其他哈瓦那辣椒品种，这从名字便能看出。该辣椒在当地常作为菜肴中的调味料。

学名：*Capsicum chinense* ‘Tobago Seasoning’

株高：90 ～ 110 cm

‘多巴哥调味品’辣椒

花色：白色

果形：块形

果色：绿色—橙色—红色

果实大小：长 3 ～ 5 cm，宽 1.5 ～ 2 cm

辣度：500 SHU

‘栏栅哈瓦那’辣椒

这个辣椒品种是第一个辣度只有 100 SHU 的哈瓦那辣椒。这个品种的诞生，意味着哈瓦那辣椒再也不是嗜辣者的独享品了，使得不太能吃辣的人也能感受到哈瓦那辣椒的风味。

来源地：古巴

学名：*Capsicum chinense* ‘Zavory Habanero’

株高：50 ～ 60 cm

花色：白色

‘栏栅哈瓦那’辣椒

果形：块形

果色：绿色—红色

果实大小：长 5 cm，宽 2 ～ 3 cm

辣度：100 SHU

‘苏格兰黄帽’辣椒

这个辣椒品种以果实的形状形似苏格兰帽而得名，别名“加勒比海红色”辣椒、“牙买加”辣椒等。它与哈瓦那辣椒有着亲缘关系，形状相似，但个头偏小，味道极辣。由于味道独特，在加勒比美食中常用于制作辣酱和辣椒调味汁。如今，在西非、安提瓜、牙买加、格林纳达等国家和地区被广泛食用，尤其是牙买加人常将其与肉一起腌制或风干后食用。此外，还有‘苏格兰红帽’辣椒。

来源地：牙买加

学名：*Capsicum chinense*‘Scotch Bonnet Yellow’

‘苏格兰黄帽’辣椒

株高：35 ～ 40 cm

花色：白色

果形：块形

果色：绿色—黄色

果实大小：宽3 ～ 4 cm，高3 cm

辣度：150 000 ～ 325 000 SHU

印度鬼椒

即大名鼎鼎的断魂椒，别名娜迦鬼椒、红色娜迦（Red Naga）等。它的果实表皮凹凸不平，别说尝了，看着就让人觉得毛骨悚然。在2007年之前，印度鬼椒一度被《吉尼斯世界纪录大全》认为是世界上最辣的辣椒。只要沾一小块（近2 ～ 3 cm）放入嘴中咀嚼，2秒钟后就会立刻有种燃烧的感觉，嘴唇麻了，脸也红了，这样的感觉可以持续6 ～ 7分钟，对于不能吃辣的人，甚至会导致胃部不适。若

印度鬼椒

是整个辣椒都放入嘴中，那更是奇辣无比。印度鬼椒曾作为催泪弹的重要原料之一被用于军事领域。在生活中常被用于制作辣椒酱和咖喱食品。

如今，除了红色印度鬼椒，还有绿色印度鬼椒、橙色印度鬼椒、紫色印度鬼椒、巧克力色印度鬼椒及白色印度鬼椒等品种。不过，这些新品种虽有印度鬼椒的外貌，但辣度却比不上红色印度鬼椒。

学名：*Capsicum chinense*‘Bhut Jolokia’

来源地：印度

株高：100 ～ 120 cm

花色：白色

果形：三角形

果色：白色—浅绿色—橙色—红色

果实大小：长5 ～ 7 cm，宽2.5 ～ 3 cm

辣度：1 041 400 SHU

特立尼达蝎子椒

这个辣椒品种又被称为蝎子椒，是因为其尾部像蝎子的刺。蝎子椒来源于北美特立尼达岛，靠近委内瑞拉的东北海岸，是当地的本土辣椒。果实从初始时的绿色变为红色。由于辣味极度刺激，非一般人可食用。

来源地：特立尼达

学名：*Capsicum chinense*‘Trinidad Scorpion Butch T’

株高：145 ～ 160 cm

花色：白色

果形：三角形

果色：绿色—红色

果实大小：长 3 ～ 5 cm，宽 2 ～ 2.5 cm

辣度：1 463 700 SHU

特立尼达蝎子椒

‘7锅大脑纹理’辣椒

在这个辣椒的名字中，“Brain”意为大脑，表明其果实形似人类大脑的外形，近球形，外皮凹凸不平，有褶皱。辣椒的果实初为绿色，成熟后为红色。与其他辣椒品种相比，它的内膜更多些，犹如人类大脑内部的神经纤维一般。这种辣椒是由卡皮耶洛（D. Capiello）通过不断进行品种交叉而培育出，虽然尚有人争议该辣椒与莫鲁加蝎子辣椒有些相似，但大多数人还是认为它们是截然不同的两种辣椒。这个品种不仅以独特的形状而闻名，而且它的辣度也名声遐迩。成熟的果实常用于制作辣椒粉、辣椒沙司或炖汤。这个辣椒品种的果实初为绿色，成熟后为红色，由于育种技术的快速发展，这个品种还有黄色果实，名为‘黄色7锅大脑纹理’辣椒，以及由‘娜迦毒蛇’辣椒和‘7锅大脑纹理’辣椒杂交后培育的‘巧克力娜迦大脑’辣椒。

来源地：特立尼达

‘7锅大脑纹理’辣椒

学名：*Capsicum chinense*‘7 Pot Brain Strain’
株高：80 ～ 110 cm
花色：白色
果形：圆形
果色：绿色—红色
果实大小：高约3 cm，宽约4 cm
辣度：1 000 000 ～ 1 350 000 SHU

‘嘬嘴’辣椒

辣椒名中的‘Biquinho’在葡萄牙语中发音为bee-Kee-nyo，译为小嘴，因其果实形似“小喙”而得名。其果实初为淡黄色，成熟后从橙色变为红色，产量高。成熟果实常用作菜肴中的装饰，并且还可以腌制食用。在巴西当地，随处可见醋泡‘嘬嘴’辣椒，当地人每顿饭都会食用。

‘嘬嘴’辣椒

来源地：巴西

学名：*Capsicum chinense*‘Biquinho’

株高：60 cm

果形：圆形

果色：黄色—橙色—红色

果实大小：长2.5～3 cm

辣度：1 000 SHU

‘达蒂尔’辣椒

有关这个品种的来源说法很多，有传说是在17世纪末，从西班牙巴利阿里群岛的马略卡岛被带到了圣奥古斯丁；也有传说是在18世纪末，被带到了那里；还有传说是在1880年时，被果冻制造商带到了古巴等。但不管到底从何而来，‘达蒂尔’辣椒一直极受人们喜爱，常被用来制作辣椒酱及辣椒果冻等。每年10月，圣奥古斯丁都会举办

‘达蒂尔’辣椒

“达蒂尔辣椒节”，专业厨师和家庭厨师们会大展厨艺，争夺奖项和荣誉，而一些‘达蒂尔’辣椒的热爱者也会在现场出售他们最好的烹饪作品。不过至今仍然没人知道为什么‘达蒂尔’辣椒在圣奥古斯丁会如此受欢迎和重视。与哈瓦那辣椒相比，‘达蒂尔’辣椒的口味更甜，更有水果味。

育种地：美国

学名：*Capsicum chinense* ‘Datil’

株高：60 ～ 90 cm

花色：白色

果形：细长形

果色：绿色—橙色

果实大小：长4 ～ 6 cm，宽2 ～ 3 cm

辣度：150 000 SHU

‘卡罗莱纳死神’辣椒

‘卡罗莱纳死神’辣椒名字中的‘Reaper’,意为收割、死神。在东方人的脑海中想到的是收割机、镰刀等工具，而在西方国家，传说中的死神就是穿着黑袍拿着镰刀，因而镰刀又被称为“死神之剑”，死神如收割小麦一样地收割生命。这个辣椒的果实尾端犹如一把镰刀，名字即由此

‘卡罗莱纳死神’辣椒

而来。

来源地：特立尼达

学名：*Capsicum annuum* ‘Carolina Reaper’

株高：90 ～ 110 cm

花色：白色

果形：锥形

果色：绿色—红色

果实大小：长 5 ～ 7 cm，宽 2 ～ 3 cm

辣度：2 200 000 SHU

‘闪电混色’辣椒

这个辣椒品种属哈瓦那辣椒，是由宾夕法尼亚州的韦弗（J. Weaver）培育而成并在2011年首次发布的新品种。该辣椒果形似螺栓，果色如彩虹般五颜六色，有红色、黄色、桃色、巧克力色、橙色以及芥末色等，果实产量较高。

‘闪电混色’辣椒（示不同颜色果实）

来源：美国

学名：*Capsicum chinense*‘Lightning Mix’

株高：60 ～ 90 cm

花色：白色

果形：细长形

果色：芥末色—红/棕/橙色

果实大小：长5 ～ 6 cm，宽2 ～ 2.5 cm

辣度：1 000 ～ 5 000 SHU

‘闻紫’辣椒

起源于巴西的‘闻紫’辣椒，果实短而粗，若说它的形状像迷你坐便器会比扁扁小灯笼更形象些。不过，‘闻紫’辣椒独一无二的紫色使其在观赏辣椒的领域中占有一席之地。一般来说，辣椒果实的颜色会从绿色变为紫色，而‘闻紫’辣椒却是从紫色变为紫色和淡黄色

‘闻紫’辣椒

的混色，直至最后变为粉色，这种具有糖果般色彩的辣椒不得不让人又惊又喜。不仅如此，这个品种的枝叶、茎干和花序全为紫色，映衬在阳光下，格外显眼。这个品种的辣椒口感微辣。

来源：巴西

学名：*Capsicum chinense*‘Cheiro Roxa’

花色：淡紫色

株高：90 cm

果形：圆形

果色：紫色—粉色变化

果实大小：长2 ～ 3 cm

辣度：60 000 ～ 80 000 SHU

和‘闻紫’辣椒具有相同产地和颜色的，是‘菲达尔戈紫’辣椒，但该辣椒品种的果实形状较长，更似紫色小灯笼，辣度为200 000 ～ 300 000 SHU。不过，还有种奶油色和紫色共存的辣椒，名为‘粉老虎’辣椒，它的果实比前两者更长一些。这个辣椒是由印度鬼椒和

‘菲达尔戈紫’辣椒

‘粉老虎’辣椒

‘内德’辣椒两种辣椒杂交而成，果实带有印度鬼椒的味道，外形又好似红色的印度鬼椒画了个艳妆。‘粉老虎’辣椒的名字来源于其果色，当果实成熟后变为粉色，幸运的话，在果实上会出现紫色条纹，似老虎纹身一般，但如图可见它的性状不太稳定。

浆果状辣椒

在1968年，埃希巴赫就记录到浆果状辣椒的特征。品种上常见的有阿马里洛阿希系列（Ají amarillo）、柠檬滴系列（Lemon drop）、主教冠系列、巴西海星系列、野生浆果状辣椒系列等。

阿希辣椒是老祖宗垂花灯笼辣椒遗传至今的品种。‘阿马里洛阿希’辣椒，又被称为“黄阿希”、“阿希辣椒”等。在秘鲁，它常被用来制成辣椒粉，或晒干食用。阿希辣椒品种很多，有‘水晶阿希’辣椒、‘幻想阿希’辣椒、‘圭亚那阿希’辣椒等。在浆果状辣椒中，最具魅力的当属柠檬滴系列，又被称为柠檬阿希（Ají Limon），从名字上就能看出，这类辣椒具有柠檬口味。在秘鲁当地被称为“Kellu Uchu”。主教冠系列的果实因形似主教的皇冠而得其名，也有人说它的果实像圣诞铃铛，创意造型大使非它莫属。原本推测是南美洲的本土植物，不过欧洲当地发现的可能是在18世纪时，被人从葡萄牙带回来的。

‘水晶阿希’辣椒

这个辣椒品种来源于智利的库里科（Curico），又被称为‘佛得角阿希’辣椒，是制作“Pebre”沙拉的主要原料，“Pebre”沙拉是由香菜、香葱、橄榄油、大蒜和辣椒制成的糊状调味品。‘水晶阿希’辣

‘水晶阿希’辣椒

椒的果实颜色丰富且抢眼，让人爱不释手。

来源地：智利

学名：*Capsicum baccatum* ‘Ají Crystal’

株高：50 ～ 60 cm

花色：白色带绿色斑驳

果形：三角形

果色：淡绿色—淡黄色—红色

果实大小：长4 ～ 5 cm

辣度：30 000 SHU

‘巴西海星’辣椒

这是来源于古秘鲁，后在巴西被驯化的‘巴西海星’辣椒品种，不仅果形独特，犹如海星，而且白色花瓣上带有的绿色斑驳，也十分夺人眼球，使得观赏价值迅速上升。该辣椒品种味道脆甜，带有果

‘巴西海星’辣椒

味。‘巴西海星’辣椒在秘鲁美食中常用来装饰鱼料理，在哥伦比亚和厄瓜多尔常被制作成调味品。这个辣椒品种的果实初为绿色，成熟后为红色，还有果实从起初的绿色分别变为黄色和橙色，即‘黄色海星’辣椒和‘橙色海星’辣椒。

来源地：古秘鲁

育种地：巴西

学名：*Capsicum baccatum*‘Brazilian Starfish’

株高：90 ～ 120 cm

花色：白色带有绿色斑驳

果形：圆形

果色：绿色—红色

果实大小：长 3 ～ 4.5 cm

辣度：30 000 ～ 50 000 SHU

‘柠檬滴’风铃辣椒

‘柠檬滴’风铃辣椒

这个辣椒品种又被称为“热柠檬”，因为它不仅具有柠檬口味，还带有辣味，常被用作香料，或鲜食，或制作成沙拉食用，还可制作成柠檬风味的辣椒酱。植株直立生长，叶子小而密，花瓣为绿色且基部有黄绿色斑点，成熟后的金灿灿果实十分耀眼。但果实并不是非得成熟才能收获，只不过成熟的果实更具浓郁的柠檬风味。

来源地：秘鲁

学名：*Capsicum baccatum* ‘Lemon Drop’

株高：80 ～ 100 cm

花色：白色带有绿色斑驳

果形：细长形

果色：绿色—棕色—黄色

果实大小：长 5 ～ 7 cm，宽 1 ～ 2 cm

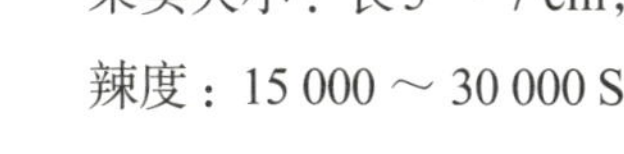

辣度：15 000 ～ 30 000 SHU

‘主教冠’辣椒

‘主教冠’辣椒又名风铃辣椒，来源于北美洲的巴巴多斯

‘主教冠’辣椒

(Barbados)，该国是位于东加勒比海小安的列斯群岛最东端的岛屿国家。这个品种的白色花瓣上带有淡绿色斑驳，果实形似飞碟或风铃，常用于烤食，并且还要将奶酪、大米或大蒜和捣碎的土豆等食材填入其中，口感非常美味。

来源地：巴巴多斯

学 名：*Capsicum baccatum* ‘Bishop’s Crown’

株高：100 ～ 120 cm

花色：白色带有绿色斑驳

果形：块形

果色：绿色—绿色带有淡紫色斑驳—暗橙色—红色

果实大小：长 2 ～ 3 cm

辣度：5 000 ～ 30 000 SHU

‘埃塞俄比亚辣椒树’辣椒

2014年11月，‘埃塞俄比亚辣椒树’辣椒诞生于“克里斯托菲菲利普珍稀种子收集机构”(Christopher Phillips Rare Seed Collection)。这个辣椒品种有着埃塞俄比亚“血统”，果形似迷你甜椒，果味甜美且多汁。

来源地：美国

学名：*Capsicum baccatum* ‘Ethiopian Peppertree’

‘埃塞俄比亚辣椒树’辣椒

株高：100 ～ 140 cm

花色：白色带有绿色斑驳

果形：圆形

果色：绿色—红色

果实大小：长 1 cm，宽 1 cm

辣度：10 000 SHU

灌木状辣椒

与其他辣椒相比，灌木状辣椒的植株更为浓密，呈灌木丛状；果实似子弹头，向上生长。相比其他辣椒品系，市场上销售的灌木状辣椒人工品种甚少，野生种要多一些。

‘塔巴斯科’辣椒

1848 年，‘塔巴斯科’辣椒被带到了墨西哥的塔巴斯科州，随后

‘塔巴斯科’辣椒

便以制作出的辣椒酱而闻名天下，并在路易斯安那州的南部被广泛生产。这个辣椒体积小，果肉薄，却辣味逼人，并兼有芹菜与绿洋葱的味道。该辣椒品种的果实向上生长，颜色初为淡黄绿色或带点紫色，然后变为深黄色，成熟后变为橘红色或红色。不同于其他辣椒品种的果实带给人遮遮掩掩的害羞感觉，‘塔巴斯科’辣椒的果实喜爱抛头露面，极具观赏价值，且产量极高，是用于景观配置或花境中不错的植物材料。

来源地：墨西哥

学名：*Capsicum frutescens* ‘Tabasco’

株高：65 ～ 80 cm

花色：白色

果形：细长形

果色：淡黄绿色（或有紫色斑驳）—深黄色—红色

果实大小：长 3 ～ 4 cm，宽 1 cm

辣度：30 000 ～ 50 000 SHU

‘四棱拉布’辣椒

这个辣椒在菲律宾的烹饪中被广泛使用，除果实外，它的叶子也常是开胃菜或其他菜肴的食材。‘Siling labuyo’在菲律宾的他加禄语中意为“野生辣椒”，该辣椒果实也是世界上最小的辣椒果实之一。与‘鸟眼’椒相似，这个辣椒品种的锥形果实可由绿变红，果实直立向上生长，但植株更紧凑些，而且两者是不同品系。‘四棱拉布’辣椒既可食用，又具有药用价值，它可在一定程度上缓解关节炎、风湿病、消化不良、牙痛等症状，也可作为天然的驱虫剂。

菲律宾本土的辣椒还有‘四棱马哈巴’辣椒，但这个辣椒却属于辣椒类作物，此外，‘四棱拉布’辣椒的口感更辣一些。

来源地：菲律宾

学名：*Capsicum frutescens*‘Siling labuyo’

株高：30 ～ 100 cm

花色：白色

果形：细长形

果色：绿色—红色

果实大小：长为1.5 ～ 2.5 cm

辣度：80 000 ～ 100 000 SHU

‘夏威夷’辣椒

这个辣椒品种最初散布在夏威夷各地，在当地十分常见。它的植株较矮，且浓密，果实又小又细，像极了‘塔巴斯科’辣椒，果实产量较大。但两者的不同之处在于，‘夏威夷’辣椒的幼果初为淡黄绿色，果实小而重，而‘塔巴斯科’辣椒的幼果为淡黄绿色带有紫色斑

‘夏威夷’辣椒

驳，果实相对‘夏威夷’辣椒来说更细长一些。

来源地：夏威夷

学名：*Capsicum frutescens* ‘Hawaiian’

株高：45 ～ 60 cm

花色：白色

果形：细长形

果色：淡黄绿色—深黄色—红色

果实大小：长2 ～ 3 cm，宽0.5 cm

辣度：≤30 000 SHU

‘龙目岛’辣椒

这是个野生种辣椒，十分稀有。果实又小又细，并且产量高。与前面提到的‘塔巴斯科’辣椒相比，这个辣椒植株明显较高，在生长期时，植株远看似球状，株形十分饱满，而‘塔巴斯科’辣椒的植株具有明显扩散形。

‘龙目岛’辣椒的植株

‘龙目岛’辣椒

此外，还有个名为‘艾克瑞可’辣椒的稀有野生种辣椒，目前只知道这个辣椒最初生长在南美洲，但却没有来源地等其他相关信息。它的果实较小，呈球形。

‘艾克瑞可’辣椒

来源地：未知

学名：*Capsicum frutescens* ‘Wild Lombok’

株高：120 ～ 180 cm

花色：白色

果形：细长形

果色：淡黄绿色—深黄色—红色

果实大小：长 2 ～ 3 cm，宽 0.5 cm

辣度：≤ 30 000 SHU

‘老鼠屎’辣椒

这个辣椒品种起源于泰国，是泰国辣椒系列中最小且最辣的品种。其名字中的“Prik Kee Noo Suan”意味老鼠粪便，这样的辣椒你还敢吃吗？但它实际上至今仍在亚洲的各类佳肴中风靡。

‘老鼠屎’辣椒的植株

‘老鼠屎’辣椒

来源地：泰国

学名：*Capsicum frutescens* ‘Prik Kee Noo Suan’

株高：30 ～ 60 cm

花色：白色

果形：细长形

果色：绿色—红色

果实大小：长约2 cm，宽0.5 cm

辣度：≤ 70 000 SHU

国内辣椒品种

自20世纪80年代初期，国内就开始对辣椒进行引种，并对其进行广泛的鉴定、选择、纯化、创新和筛选，培育的新品种有中椒6号、中椒7号、中椒0808号等。在国内的辣椒研究领域中，多以食用为目的，同时也考虑到新品种推广后农民收入增加的问题，因而对辣椒果实的质量、抗病能力、丰产等条件优先考虑，而观赏方面的考虑则较少。

但近几年，一些国内的种苗公司开始供应各类蔬菜品种，相比以食用为目的，这些蔬菜的观赏价值得到了提升，当然，辣椒是不可或缺的。不过，这些种苗公司却是以家庭园艺蔬菜种植为销售目的，可想而知，为了更好地能在家庭阳台或花园搭理植物，植物的植株高度和冠幅都受到了约束。通常，销售的辣椒品种植株较矮（高度在10 ～ 50 cm），且植株十分紧凑。国内的辣椒主要有线椒、甜椒、牛角椒、樱桃椒、朝天椒等辣椒类型，果形单调，果色也只有红、黄、橙、绿及紫色，相比国外的粉色、墨绿色、桃色、巧克力色、黑玛瑙色等，只能说国内的辣椒品种颜色少之又少。不仅如此，国内市场上各式各样的辣椒都没有明确的学名，更别提祖宗是谁了。虽然现状如此，但我们也要来感受一下国内观赏辣椒的风采。

‘白星2号’辣椒（F_1代杂交的甜椒品种）

株高：50 ～ 55 cm

果形：块形

果色：初为白色，成熟时为亮黄色

果实大小：长10 cm

辣度：0

‘白星2号’辣椒

杂交五彩美人椒（F_1代杂交）

株高：60 ～ 80 cm

果形：钟形

果色：绿色—黄色—橙色—红色

果实大小：长6.5 ～ 8.5 cm

杂交五彩美人椒

紫佛手辣椒

株高：60 ～ 80 cm

果形：细长形

果色：黄色—紫色—红色

果实大小：长 4 cm，宽 1 cm

紫佛手辣椒

彩星樱桃辣椒（果实像樱桃，而得其名）

株高：55 ～ 60 cm

果形：圆形

果色：绿色—黄色—紫色

果实大小：长 4 cm，宽 1 ～ 2 cm

彩星樱桃辣椒

红辣椒（来源四川，口感极辣）

株高：60 ～ 65 cm

果形：细长形

果色：绿色—红色

果实大小：长 4 cm，宽 1 ～ 2 cm

未成熟阶段的红辣椒

成熟阶段的红辣椒

‘迷你’辣椒（极其适合盆栽种植）

株高：20 cm

果形：三角形

果色：黄色—红色

果实大小：长3～4 cm，宽1 cm

‘迷你’辣椒

‘黄色’辣椒

株高：25 cm

果形：三角形

果色：黄色—黄色有紫色斑驳—红色

果实大小：长3 cm，宽1 ～ 2 cm

‘黄色’辣椒

‘小紫’辣椒

株高：35 ～ 40 cm

果形：圆形

果色：紫色—红色

果实大小：直径1.3 cm

‘小紫’辣椒

白色朝天辣椒

株高：35 ～ 40 cm

果形：三角形

果色：白色—黄色—红色

果实大小：长 2.5 ～ 3.5 cm

白色朝天辣椒

第五部分 辣椒的园艺

辣椒的生长条件

温度

辣椒喜温怕寒，果实生长发育最适宜的温度为25～30℃。高温会严重影响植株的开花过程，引起授粉受精不良，导致坐果率下降、挂果时间缩短，对其观赏价值影响极大；但低温也会影响植株生长，如在5℃时，辣椒叶子不会立即有明显冻伤，这是因为土壤温度此时还未降至5℃，辣椒的根部还没受到冻害，但持续数日或温度低于5℃时，辣椒可能死亡。

光照

大部分蔬菜都是喜光植物，在光照不足或较弱的情况下，会抑制其叶片的光合作用，因而具有一定的向阳性，辣椒也不例外。与其他蔬菜相比，辣椒不算“娇贵”。比如向日葵、黄瓜、南瓜、菜豆等蔬菜在幼苗期时，光照较少时则立马“变脸”，植株的茎叶会疯狂生长，失去了原有的矮壮造型，我们称其为“徒长”。辣椒属于中光性植物，对日照时间的长短要求不高，但苗期要求较强的光照，结果期需要中等强度的光照，否则将影响其生长与结果。

水分

辣椒是一类非常好的水分供应指示器，尤其是夏季。若辣椒缺水，叶片会及时反应。它们虽然不抗旱，但却有一定的耐涝能力。特别是在上海的梅雨季节，辣椒可以在水中浸泡12小时左右；期间虽有10%左右的死亡率，但雨后晴天，大部分尚能存活。当然，长时间泡在水中的根部会使得辣椒需要一段时间的调整，即恢复期，然后再继续生长，因而会推迟其结果时间。

土壤

栽培的土壤是植物生长关键，土壤的配比取决于植物的习性。比如，辣椒喜肥沃的土壤，可以在土壤中适当地加入缓释肥；辣椒喜排水良好的土壤，可以减少土壤中草炭的比例，因为草炭具有保水作用。不仅如此，陆地栽培和盆栽栽培也大不相同。陆地栽培时，在每次定植辣椒前，通常使用有机肥、介质及原土配成的土壤用作基肥，均匀搅拌，使土壤疏松肥沃。此外，还需在地下搭建良好的排水管道，尤其在连着降雨的时候，能够起到及时排水的作用。但盆栽栽培时，在辣椒不同苗龄需要不同的配图方案，此时可根据花盆大小来分，如直径为100～110 cm的花盆需要细一些的土，可加入筛过后的草炭、原土、椰糠等，既不失养分又能保护柔嫩的小苗；直径为250～300 cm的花盆，相比前者就不需要将土筛得太细，可在土中加入一些小粒块如椰块来帮助排水。

辣椒的栽培技术和养护管理

繁殖技术

通常情况下，辣椒通过种子来繁殖，但为了避免辣椒的幼苗期或成苗期发生病虫害，播种前的种子处理是首要问题，可通过药物浸种的方式来处理。为了防治真菌性病害的发生，可将种子在1 000倍稀释的“适乐时”中拌种或浸种。然后，尽可能选择饱满的种子，浸入水中2～8小时后再播种，可使种子内部吸足水分，让种皮变软，更利于发芽。另外，种子的色泽也很重要，宜选黄色的种子，若颜色偏深且发黑，可能说明种子发霉；若颜色偏白，说明种子未成熟。

同样，播种时的温度和土壤也是决定辣椒发芽速度和出苗率的重要因素。当然不同品种之间，发芽时间也存在差异。通常在25～30℃时播种，若温度低于21℃时，则尽可能选择在温室或室内播种，可避免出现发芽率低的情况。播种土壤一般为草炭（细），椰块（细），若草炭中加入一些原土，可大大提升后期定植的存活率。辣椒播种可在3月至8月期间，但出芽天数取决于温度，如4月至5月播种的辣椒，发芽需要14～21天，而7月至8月播种，发芽只需6～8天。辣椒的结果量与播种时间也密不可分，播种早的辣椒可多次采收，而播种晚的，结果量就相对少。

测试辣椒品种发芽率

辣椒发芽后

种植

通常，在陆地种植辣椒时，我们称其为“定植”。在辣椒定植前，土壤需杀菌消毒。常以1%高锰酸钾溶液稀释后喷洒，或5%“多菌灵”可湿性粉剂稀释后喷施土壤，也可通过将土壤深翻，在阳光下暴晒数日，帮助土壤高温杀菌。辣椒发芽后7～10天就可定植。在上海，早春的气温变化较大，温度时常忽上忽下，建议将需要定植的辣椒放置室外适温1～2天，再进行种植。也可将辣椒上盆，等苗龄大一些，室外温度温暖且稳定时再定植于露地，这些措施都有利于提高定植后的存活率。

在上海地区，可根据辣椒不同的布展时间进行定植工作，春季在4～6月初定植辣椒小苗，秋季在9月可将成苗直接定植。辣椒的定植行距与株距，依品种株型大小而定。例如，‘巴布兰诺’辣椒的株距宜80～90 cm，‘中国五彩’辣椒的株距宜50～60 cm等。

种植的不同品种辣椒（定植后2～3个月的辣椒）

浇水

水分是维持植物生长的基本条件，辣椒也不例外。辣椒属浅根系植物，在生长的不同时期，水分的需求量也不同。浇水过量过勤，都会使得根部的呼吸受到抑制，甚至导致植株停止生长。若环境土壤排水不良，辣椒根部则会被“淹死”；但若浇水不足，也会造成叶片枯萎。尤其是在夏季，干旱时如果不及时补水，会导致辣椒干枯死亡。

通常依照“晴天浇水，阴天少浇或不浇，雨天忌浇”“见干浇水”“浇必浇透”等原则来浇水。但上海夏季连续多日气温在35℃以上，这时植物需要特别的养护，尤其是浇水，宜在每天9：00前进行。若在其他时间段浇水，辣椒的根系犹如人体血管一般“热胀冷缩”，会引发夏季的“热感冒”，随后会出现叶片发黄，植株瘦弱，长势不佳等问题，严重时还会导致植株死亡。

施肥

在辣椒各生长发育期，需根据所需养分给予不同种类的肥料。如辣椒盆栽时可加入适量的缓释肥；冬季时可对用于种植辣椒的土壤加入腐熟有机肥或粪肥，也可用饼肥的稀释溶液与土壤均匀混合；在辣椒生长期需多增加氮肥；结果期需多加磷肥等。

施肥方式主要有穴施、叶面喷施和灌根施肥等，针对不同种类的肥料，施肥的方式也不同。如尿素和复合肥常采用穴施的施肥方式；氮磷钾不同比例的“花多多”水溶性肥常稀释用于叶面喷施；磷肥采用灌根施肥。同时，不同的施肥方式也有不同的技术要求，穴施的穴洞约20 cm深，离根部15 ～ 20 cm；灌根施肥则需要离植物基部15 ～ 20 cm的距离，且宜在早上10 ： 00之前或傍晚4点左右进行，特别注意的是夏季高温，施肥后第二天早上宜进行一次灌溉。

修剪

辣椒也需要一定的修剪，帮助其保留养分、减少病虫害和美观造型。

通常，一株辣椒会有主干和侧干，我们称主干为“一级分支”，在主干上面的第一层分支叫做“二级分支”，二级分支上面再分支就叫“三级分支”，以此类推有多级分支。首先，我们需要摘除植株一级分支以下的侧芽，后期还需要进行2 ～ 3次这样的工作。其次，在辣椒生长过程中需对向内的枝条进行多次修剪，避免多余的养分消耗，并为辣椒营造出通风、透气、透光的标配条件。而这类修剪大部分是针对辣椒和黄灯笼辣椒品种，因为它们直立性较强，主干显著；而灌木状辣椒的品种没有明显的主干，呈现灌木状多枝，因而辣椒修剪也不同。

最后，根据辣椒所需高度可进行适当的修剪。盆栽辣椒需要控制其株高，可以进行1～2次的摘心，除去其顶端优势；陆地栽培需保留辣椒品种原有的高度，则可保留自然形成的二级分支，即似“Y”的株型，并将周围其他枝条及时清理。在幼果期时，也需对内向枝叶修剪一次，为果实提供足够的光照。另外，由于上海地区有台风季节，为了避免恶劣天气导致辣椒植株受损或死亡，以及防止果实累累而倒伏，在辣椒生长期间需用竹竿支撑加以固定。

病虫害

首先，要依照“预防为主，综合防治”的原则。其次，在辣椒品种选择、种植方式、肥料选择等方面要采取农业防治措施，以及配合物理防治、生物防治和化学防治措施。在使用化学防治时，需科学合理地选用高效、低毒、低残留以及对天敌杀伤力小的化学农药，并合理地控制农药的安全间隔期，结合辣椒生产过程中的各个环节，进行有的放矢的综合防治。

辣椒常见病害有病毒病、疫病和炭疽病；常见虫害主要有蚜虫、蛴螬、斜纹夜蛾、菜娥的幼虫（又叫小青虫）等。在幼苗期间，露地种植的辣椒常有小青虫来光顾，它们食用辣椒的嫩叶片后，起初叶子会留下一些孔洞，若不及时处理，随着小青虫数量的增多，危

蛴螬　斜纹夜蛾　青虫

蚜虫危害辣椒叶背面　蚜虫特写

害会变得越来越明显，辣椒叶片就只剩下叶脉和叶柄，使小苗生长受到抑制。一般在定植后10天左右，需打药进行提前预防。在5月上旬和7～10月，悄无声息的斜纹夜蛾就会来侵害辣椒，它们主要在清晨和傍晚出来食用辣椒叶，其余时间都躲避不出。若发现需及时打药，否则对辣椒的危害要比小青虫的速度更快。若发现有病害的植株，应及时拔除病株，且及时摘除病叶、病果。在高温高湿的环境中，极易出现蚜虫，危害辣椒的主要蚜虫有桃蚜、瓜蚜和茄无网蚜。

然而，有些病虫害不轻易被发现，但一旦发现时，辣椒就已受到明显且严重的危害。比如，有些绿色的果实有个小洞，这是个小蛆洞（a），只要发现后，就要把整株受感染的荚果一并消灭；有时叶面上会变得坑坑洼洼或有洞（b），这可能是蜗牛或蛞蝓咬过的痕迹，尤其是蜗牛经过的叶面会留下闪耀的银色白线，这是蜗牛分泌的黏液；此外，当发现叶子渐渐地变薄、变白，甚至脱落时，需要赶紧看看叶背面有没有叶螨（c）。

（a） （b） （c）

辣椒受虫害后的表现

其他管理

无论是人为踩踏的缘故，还是雨水或浇水导致的土壤板结，中耕都是改进土壤状况的捷径。中耕可增加土壤透气性，促进肥料分解，有利于根系生长；还可切断土壤层毛细管，增加孔隙度，减少水分蒸发和透水性。同时，还要结合除草和培土的工作。在上海的梅雨季前需要除草一次；而培土就是将土堆到植物的根部，可以护根和增加不定根的形成，促进对养分的吸收，这样既可增强大型蔬菜防风抗倒伏的能力，又可让根系充分地吸收养分，生长更好。在降雨集中的季节或浇水过猛导致根系裸露土表时，应及时培土护根，避免雨后晴天的暴晒伤根。

辣椒的园艺展示和景观艺术

在国内，辣椒不断地杂交育种，同时还从国外引进不少新优品种，让人看得眼花缭乱。如今，人们已不仅仅满足食用蔬菜，还开始“以貌取菜”了。那些颜值较高的蔬菜，被赠予了新名字——“观赏蔬菜”。没想到，在这个“看脸”的世界里，连蔬菜都不放过啊！虽然观赏蔬菜没有妖娆妩媚的花姿，但却有着丰富多彩的叶色、多变的果实形态以及朝气蓬勃的植株姿态，使它们从菜园走进了花园，并且很快在花卉界里成为“新宠”。观赏蔬菜不仅增加了园林绿化中观赏植物种类，而且还在景观中形成了一种新兴的低碳绿色，在园林绿化中发挥着重要的作用。在所有的蔬菜中，辣椒以品种充裕、株型直立、果实色彩不一、形状新颖奇特等良好的自身条件，成了观赏蔬菜中的佼佼者。

盆栽辣椒

相比在田地或花园里种植，如今生活在城市中的人们更多是通过盆栽，让植物嵌入我们的生活，带给我们一份健康和乐趣。在实际生活中，人们常常会选择盆栽花卉、盆栽观叶植物和盆栽蔬菜，其中尤以盆栽蔬菜的亲民指数更高，因为其不仅透露着清新的田园风，最重要的是还可用于烹饪。一般来说，盆栽蔬菜的种类有番茄、樱桃萝卜、青菜、黄瓜、西葫芦等。

虽然大部分蔬菜都是短季节作物，或者是一年生植物，但辣椒的表现尤为突出，从播种到收获（即3～11月）只需约8个月，其中果实期可达4个月，采摘后还可继续结果，若适当施肥还可增产。当年栽培的辣椒，果实吃不完，还可晒干制成干辣椒。在西方国家，无论是地栽还是盆栽，种植香料植物和蔬菜植物是必不可少的。比如辣椒，品种颇为丰富，可单独盆栽，也可与其他蔬菜或香料植物混搭盆栽，不但给观赏者带来视觉的享受，也让厨师的心情都灿烂了。当然，混搭盆栽的选材也是有讲究的，高大的辣椒品种可作为盆栽中竖线条的重要元素，主干性不明显的辣椒品种可自然下垂，似垂蔓性植物般，这种垂落感不仅丰富了组合盆栽里植物的层次，还可将硬质容器软化，形成另一道风景……

基于盆栽辣椒，西方人学习中国的盆景艺术，创造出新的辣椒种植方式，即辣椒盆景。中国盆景艺术传承千年，通过盆景塑造形象来反映自然景观、社会生活和作者的思想感情，是一种无言的诗

朝天椒

卡宴辣椒

盆栽辣椒

'F_1红肤'辣椒

词及活的艺术品。一般盆景选用木本植物，如榕树、松、柏、杜鹃等，来展示盆景植物的根盘显露、树冠形状、造型特点、枝条疏密、排列有序等。而辣椒虽为草本植物，却在盆景艺术上与木本植物有着异曲同工之处。在辣椒盆景中，可选择迷你型辣椒和多年生辣椒，但无论是迷你型辣椒还是多年生辣椒，都需要在室内环境中越冬。特别适合小盆景的品种有‘鸟眼宝宝’辣椒、‘忧郁之子’辣椒等。而多年生辣椒具有明显的木质化茎干，如黄灯笼辣椒，可显露其根盘形态，令其更具观赏性。品种的选择固然很重要，但养护管理更为关键。尤其是盆景的土壤、修剪、浇水、施肥等，这与盆景的美观程度有着直接的联系。当然，结果期时最能充分展现出它的美，不同品种的辣椒有着形状不一的果实，这种原本普普通通的蔬菜经重新塑形，便犹如在家中摆上一盆“艺术品”，为环境增添了一份优雅，令人心旷神怡。

辣椒盆景

辣椒插花艺术

辣椒插花艺术

中国插花艺术源远流长，博大精深，是中国花文化的重要组成部分，具有深厚的民族文化传统和丰富的文化底蕴。中国花艺初期为佛前供花，后来发展成插花艺术，并应用于植物造景中。如今，新颖的花材——蔬菜水果竟也成为插花元素，再添上各色花枝，配上主题和构思造型，便形成了这类被称为“蔬果插花”的插花作品。

蔬果插花可被挖掘出另一种美感，凭合适的容器相衬，散发出浓郁的生活气息，又增添了份乐趣。2016年11月，在上海滨江森林公园举办了蔬果插花作品展，作品充分展现了造型优美的蔬菜和水果，让插花艺术充满着生活朝气，既有较高的艺术性，又具观赏性。在蔬果插花中，观叶蔬菜代替原有的绿叶植物，与艳丽的花卉交相辉映；观果蔬菜营造立体美感，如辣椒，可单个或组成串作为插花素材。由于红色辣椒象征热情、吉祥，具有为生活、事业和爱情带来一份好运的寓意。借辣椒吉言，西方的新娘捧花也有以辣椒为材料的。

辣椒走进园林绿化

近几年，国内的观赏蔬菜逐渐从室内走向了室外，并应用于园林景观中。由于具有独特的外部形态特征，观赏蔬菜在丰富花坛花境植物材料的同时，又进一步发展和提高了观赏蔬菜的园林应用水平，增添了植物造景的多样性。

观赏蔬菜可分为观叶、观花和观果三类，其中观叶蔬菜有甘蓝、彩叶生菜、紫苏、彩虹莙荙菜、观赏苋等；观花蔬菜有百合、红秋葵、花椰菜、洋蓟、桔梗等；观果蔬菜有辣椒、番茄、茄子、葫芦、南瓜等。随着观赏蔬菜不断地挖掘，我们身边的新奇观赏蔬菜越来越多，让人不由地想将其应用于景观搭配。

其中，果期较长的辣椒尤被偏爱，它也是秋季花境中不可或缺的植物材料。不过，不同类型的辣椒果实有着不同的搭配，比如朝天椒的果实是向上生长的，植株较矮，适合作为花境中第一层或第二层的植物材料，它的果实十分显露，且颜色鲜艳，可与叶形较宽大的观叶蔬菜搭配，如甘蓝、彩虹莙荙菜等，或与细长柔顺具有动感美的观赏草搭配，形成鲜明对比，给人强烈的视觉效果。而卡宴辣椒植株较高，适合作为第三层搭配，卡宴辣椒的果实下垂形成的自然线条感是花境中其他花卉植物不可媲美的，不过这类辣椒产量较高，后期需要一些支撑。这里推荐一些其他的辣椒品种，适合第一层的辣椒品种有：‘甜酸味’辣椒、‘迷你’辣椒、彩樱辣椒、‘忧郁之子’辣椒、白色朝天辣椒等；适合第二层的辣椒品种有‘巧克力哈瓦那’辣椒、‘圣达菲’辣椒、‘午夜梦’辣椒、‘中国五彩椒’辣椒等；适合第三层的辣椒品种有‘塔巴斯科’辣椒、‘巴布拉诺’辣椒、‘闪电混色’辣椒、‘泰国布拉柏’辣椒、特立尼达蝎子椒、‘巴西海星’辣椒等。

除了形态上的搭配，还可以从辣椒的颜色上着手。如今应用最广的是具有红色或黄色果实的辣椒，它可搭配绿色的观赏草、淡紫色的鼠尾草、黄色的金鸡菊、橙色的金盏菊等。在上海辰山植物园收集的

五彩辣椒和草花（千日红）的搭配

辣椒与观赏草（细茎针茅）的搭配

千日红、‘卡宴金色’辣椒和细叶芒的搭配

莙荙菜、墨西哥鼠尾草、‘主教冠’辣椒、观赏苋的搭配

辣椒品种中，就有紫色、橙色、肉色、白色、芥末色、巧克力色的果实颜色。通常，紫色和巧克力色这样的深色品种适合搭配橙色、黄色、粉色、淡紫色等花卉植物。

辣椒展

不同于辣椒节和辣椒博览会，辣椒展不涉及生产和技术，没有园艺资材和花卉园艺的商业化，而只是展示各式各样的辣椒，并打造出美好的景观环境。

自2015年起，上海辰山植物园就开始举办辣椒展。从原本仅展示几十个辣椒品种到如今的百余个品种；从品种到原种；从甜椒到辣椒；从植物到科普，这不仅提升了展览的景观效果，而且还挖掘了辣椒的深厚文化底蕴，让辣椒展“内外兼修”，独具特色。

每年举办的“秋韵”辣椒展，都会吸引大批游客来一睹百种辣椒的风姿。市场上看到的辣椒，不是红色就是绿色，不是灯笼椒就是尖头椒，而辰山蔬菜园里，每个品种的辣椒种植在每一个正方形地块里，游客可以穿梭在辣椒丛中，亲身近距离地观赏到每个品种的果实。他们可以看到五彩缤纷的辣椒：白色的‘白色圆椒’辣椒、墨绿色的‘巴布兰诺’辣椒、橙色的‘埃提尤达’辣椒、芥末色的‘芥末哈瓦那’辣椒、黑色的‘紫色美人’辣椒、巧克力色的巧克力印度鬼椒等；此外，还可以看到奇形怪状的辣椒：像苏格兰帽的‘苏格兰黄帽’辣椒、像巫婆般紫色手指的‘布埃纳混血姑娘’辣椒、像鸟嘴的‘噘嘴’辣椒、像小青蛇的‘科尔巴茨’辣椒、像番茄的‘甘博’辣椒等，眼花缭乱之外，又让人惊叹不已！

在展览期间，针对学校组织的活动，或家庭为单位的团体活动，工作人员都会对蔬菜园中的辣椒进行品种介绍，普及不同品种背后的不同地域文化故事，以及更深入地讲解“辣椒的起源与发现”、“到底什么是辣”、“最辣的辣椒”、“如何解辣”等话题。对于如今都市里的人们，日常生活中接触最多的就是市场上的灯笼椒和红尖椒，而在科普宣传后，无论是谁，都会对辣椒有一个全新的认识，同时也让枯燥乏味的植物变得乐趣无穷，很多人甚至还愿意亲自去蔬菜园种一种，采一采，体验一把。采摘辣椒的孩子们知道了原来辣椒是这样生长的；采摘辣椒的老人也大开眼界，见到了以前从未见过的各式各样的辣椒。虽然只是一场辣椒秀，但平凡而朴实的辣椒在人们的心中留下了深厚的感染力，其实大多数人都愿意抛下生活和工作的压力，来和植物有个亲密约会。

除各种颜值爆表的辣椒，还有许多不同时期的世界最辣辣椒。有2007年被评为世界最辣的印度鬼椒；有2011年被评为世界最辣的‘莫鲁加’辣椒和特立尼达蝎子椒；有2013年被评为世界最辣的‘卡罗莱纳死神’辣椒等。活动中的“辣王争霸赛”，也让不少的游客都兴致勃勃地前来参加。而这些极辣品种的聚集，也让原本热闹的比赛又四散弥漫着火辣辣的气氛。

辣王争霸赛的摆台

辣王争霸赛试吃的辣椒品种

小朋友试吃辣椒比萨

辣椒带给人们无穷的热情，连孩子也来凑热闹，吃上了印度鬼椒比萨，起初还美滋滋的，吃上第二口后，便瞬间感受到这辣感，嘴巴里就快喷火了……

文献资料

（1）García C C. 2016. Phylogenetic relationships, diversification and expansion of chili peppers Capsicum Solanaceae. Annals of Botany, 118(1): 35–51.

（2）Brian M. Walsh and Sara B. Hoot1. 2001. Phylogenetic relationships of capsicum (Solanaceae) using DNA sequences from two noncoding regions: the chloroplast atpB-rbcL spacer region and nuclear waxy introns. Int. J. Plant Sci, 162(6): 1409–1418.

（3）Jia H F, Deng H, Liang A H, et al. 2015. 川菜菜品的辣味物质分析与辣度分级. 食品科学, 36(4): 152–157.

（4）Wang J M, Wang J E. 2017. 观赏辣椒研究进展. 北方园艺, (16): 186–190.

（5）Sha R G W, Hu W Z, Jiang A L. 2012. 辣椒营养保健功能及辣椒食品的研究进展. 食品工业科技, 33(15): 371–375.

（6）Wu G H，Xiang Y L. 2005. 明朝私人海外贸易刍议. 唐山师范学院学报, 27(3): 76–78.

（7）Huang M H. 2015. 茄科蔬菜主要害虫的种类及综合防治措施. 现代农业科技, (3): 130.

（8）Sheng X C. 2011. 我国辣椒种质资源的分类. 北方园艺, (18): 196–198.

（9）Jin Y F. 2006. 细数美国非致命武器(五). 警用与特种武器, (3): 10–12.

辣椒品种中文名索引

附录　辣椒类作物物种及其品种

种学名	种中文名	品种学名	品种中文名	辣度(SHU)	来源地
Capsicum annuum	辣椒	*Capsicum annuum* ‘Ring of Fire’	‘火环’辣椒	70 000 ～ 85 000	美国
		Capsicum annuum ‘Rooster Spur’	‘好斗者的马刺’辣椒	30 000 ～ 50 000	美国
		Capsicum annuum ‘Serrano Tampequino’	‘大山坦佩雷’辣椒	6 000 ～ 23 000	墨西哥
		Capsicum annuum ‘Shishito’	‘狮子唐辛子’辣椒	0	日本
		Capsicum annuum ‘Sweet Chocolate’	‘甜巧克力’辣椒	0	美国
		Capsicum annuum ‘Sweet Red Stuffing’	‘红调料’辣椒	0	美国
		Capsicum annuum ‘Sweet Yellow Stuffing’	‘黄调料’辣椒	0	美国
		Capsicum annuum ‘Tequila Sunrise’	‘龙舌兰日出’辣椒	0	美国
		Capsicum annuum ‘Tesuque’	‘特苏基’辣椒		美国
		Capsicum annuum ‘Thai Burapa’	‘泰国布拉柏’辣椒	50 000 ～ 100 000	泰国
		Capsicum annuum ‘Thai Yellow Chili’	‘泰国黄椒’辣椒	50 000 ～ 100 000	泰国
		Capsicum annuum ‘Sigaretta De Bergamo’	‘贝加莫香烟’辣椒	0	意大利
		Capsicum annuum ‘Violet Sparkle’	‘紫罗兰闪光’辣椒	0	俄罗斯
		Capsicum annuum ‘Demon Red’	‘红色恶魔’辣椒	30 000 ～ 50 000	

（续表）

种学名	种中文名	品种学名	品种中文名	辣度(SHU)	来源地
Capsicum annuum	辣椒	*Capsicum annuum* ‘Devil’s Brew’	‘恶魔啤酒’辣椒		
		Capsicum annuum ‘Explosive Ember’	‘爆炸余恢’辣椒	30 000 ～ 50 000	
		Capsicum annuum ‘Firecracker’	‘鞭炮’辣椒	30 000 ～ 50 000	印度
		Capsicum annuum ‘Albino Bullnose’	‘白色圆椒’辣椒	0	
		Capsicum annuum ‘Alma Paprika’	‘阿尔玛’辣椒	1 000	匈牙利
		Capsicum annuum ‘Amashito Wild’	‘武人’辣椒		
		Capsicum annuum ‘Anaheim’	‘阿纳海姆’辣椒	1 000	新墨西哥
		Capsicum annuum ‘Ancho’	‘宽椒’辣椒	1 000 ～ 2 000	墨西哥
		Capsicum annuum ‘Arroz con Pollo’	‘鸡饭’辣椒	500 ～ 600	古巴
		Capsicum annuum ‘Ashe County Pimiento’	‘阿什县’辣椒	0	美国
		Capsicum annuum ‘Banana’	‘香蕉’辣椒	0 ～ 500	南美洲
		Capsicum annuum ‘Beaver Dam’	‘海狸坝’辣椒	500 ～ 1000	匈牙利
		Capsicum annuum ‘Big Red’	‘大红’辣椒	0	
		Capsicum annuum ‘Bird’s Eye Baby’	‘鸟眼睛’辣椒	100 000 ～ 225 000	
		Capsicum annuum ‘Black Hungarian’	‘黑色匈牙利’辣椒	5 000 ～ 10 000	匈牙利
		Capsicum annuum ‘Black Olive’	‘黑橄榄’辣椒	30 000 ～ 60 000	

（续表）

种学名	种中文名	品 种 学 名	品 种 中 文 名	辣 度（SHU）	来源地
Capsicum annuum	辣椒	*Capsicum annuum* 'Black Pearl'	'黑珍珠'辣椒	10 000～30 000	美国
		Capsicum annuum 'Black Scorpion Tongue'	'黑蝎毒舌'辣椒		
		Capsicum annuum 'Bolivian Rainbow'	'玻利维亚彩虹'辣椒	10 000～30 000	玻利维亚
		Capsicum annuum 'Buena Mulata'	'布埃纳混血姑娘'辣椒	30 000～50 000	古巴
		Capsicum annuum 'Bulgarian Carrot'	'保加利亚胡萝卜'辣椒	0	保加利亚
		Capsicum annuum 'Bullnose'	'牛油'辣椒	0	北美洲
		Capsicum annuum 'California Wonder'	'加州奇迹'辣椒	0	美国
		Capsicum annuum 'Caloro'	'卡洛里'辣椒	1 000～5 000	
		Capsicum annuum 'Canary'	'金丝雀'辣椒	0	
		Capsicum annuum 'Carmen'	'卡门'辣椒	0	意大利
		Capsicum annuum 'Cascabel'	'卡斯卡贝尔'辣椒	1 500～2 500	墨西哥
		Capsicum annuum 'Cayenne Long Slim'	'卡宴细长'辣椒	30 000～50 000	
		Capsicum annuum 'Cayenne Purple'	'紫色卡宴'辣椒	30 000～50 000	
		Capsicum annuum 'Cayennetta'	'卡宴安踏'辣椒	20 000	
		Capsicum annuum 'Costa Rica'	'哥斯达黎加'辣椒	0	
		Capsicum annuum 'Chinense Five Color'	中国五色辣椒		中国
		Capsicum annuum 'Chocolate Beauty'	'棕色美人'辣椒	0	

（续表）

种学名	种中文名	品 种 学 名	品 种 中 文 名	辣 度(SHU)	来源地
Capsicum annuum	辣椒	*Capsicum annuum* ‘Coban Red Pimiento’	‘科万红’辣椒	< 500	危地马拉
		Capsicum annuum ‘Corbaci’	‘科尔巴茨’辣椒	0 ～ 500	土耳其
		Capsicum annuum ‘Corno Di Toro Giallo’	‘金牛角’辣椒	0	意大利
		Capsicum annuum ‘Corno di Toro Rosso’	‘红牛角’辣椒	0	意大利
		Capsicum annuum ‘Costeno Amarillo’	‘科斯特阿马里洛’辣椒	1 200 ～ 2 000	墨西哥
		Capsicum annuum ‘Cow Horn’	‘牛角’辣椒	2 500 ～ 5 000	
		Capsicum annuum ‘Craig’s Grande Jalapeno’	‘克雷格大尖’辣椒	5 000 ～ 30 000	美国
		Capsicum annuum ‘Criolla De Cocina’	‘克里奥厨房’辣椒	0	尼加拉瓜
		Capsicum annuum ‘Cubanelle’	‘小古巴’辣椒	0	意大利
		Capsicum annuum ‘Czech Black’	‘黑色捷克’辣椒	2 000 ～ 5 000	捷克
		Capsicum annuum ‘Diamond White’	‘白钻石’辣椒	0	
		Capsicum annuum ‘Doux D’Espagne’	‘西班牙长毛象’辣椒	0	西班牙
		Capsicum annuum ‘Dulce de Espana’	‘甜蜜西班牙’辣椒	0	西班牙
		Capsicum annuum ‘Early Sunsation’	‘早熟柑橘’辣椒	0	
		Capsicum annuum ‘Elephant Trunk’	‘象鼻’辣椒	5 000 ～ 10 000	印度
		Capsicum annuum ‘Emerald Giant’	‘翡翠巨型’辣椒	0	
		Capsicum annuum ‘Estaceno Chile’	‘智利’辣椒	30 000 ～ 50 000	墨西哥

（续表）

种学名	种中文名	品　种　学　名	品 种 中 文 名	辣 度(SHU)	来源地
Capsicum annuum	辣椒	*Capsicum annuum* 'Ethiopian Brown'	'埃塞俄比亚棕色'辣椒	30 000 ～ 50 000	埃塞俄比亚
		Capsicum annuum 'Etiuda'	'埃提尤达'辣椒	0	
		Capsicum annuum 'Figitelli Sicilia'	'西西里岛'辣椒	0	
		Capsicum annuum 'Filius Blue'	'忧郁之子'辣椒	30 000 ～ 50 000	墨西哥
		Capsicum annuum 'Fish'	'飞鱼'辣椒	3 500 ～ 10 000	美国
		Capsicum annuum 'Fresno'	'弗雷诺斯'辣椒	2 500 ～ 8 000	
		Capsicum annuum 'Friariello Di Napoli'	'那不勒斯'辣椒	0	
		Capsicum annuum 'Gambo'	'甘博'辣椒	0	
		Capsicum annuum 'Georgescu Chocolate'	'乔治斯库巧克力'辣椒	0	
		Capsicum annuum 'Goat Horn'	'山羊角'辣椒	0	亚洲
		Capsicum annuum 'Golden Cal Wonder'	'金卡尔奇迹'辣椒	0	
		Capsicum annuum 'Golden Cayenne'	'卡宴金色'辣椒	30 000 ～ 50 000	
		Capsicum annuum 'Golden Marconi'	'金色马可尼'辣椒	0	
		Capsicum annuum 'Grandpa's Home'	'外公家'辣椒	1 000	
		Capsicum annuum 'Himo Togarashi'	'拨弦'辣椒	0	日本
		Capsicum annuum 'Hinkelhatz'	'鸡心'辣椒	5 000 ～ 30 000	
		Capsicum annuum 'Holiday Cheer'	'愉快'辣椒	5 000 ～ 30 000	

（续表）

种学名	种中文名	品种学名	品种中文名	辣度(SHU)	来源地
Capsicum annuum	辣椒	*Capsicum annuum* 'Horizon'	'地平线'辣椒	0	
		Capsicum annuum 'Hot Banana'	'辣味香蕉'辣椒	0～500	匈牙利
		Capsicum annuum 'Hot Portugal'	'辣味葡萄牙'辣椒	5 000～30 000	
		Capsicum annuum 'Hungarian Hot Wax'	'匈牙利热蜡'辣椒	5 000～10 000	匈牙利
		Capsicum annuum 'Italian Pepperoncini pepper'	'希腊'辣椒	100～500	希腊和意大利
		Capsicum annuum 'Jalapeno M'	'墨西哥辣椒M'辣椒	4 750	墨西哥
		Capsicum annuum 'Jalapeno Tormenta'	'墨西哥风暴'辣椒	1 000～5 000	墨西哥
		Capsicum annuum 'Jimmy Nardello'	'吉米纳代洛'辣椒	0	意大利
		Capsicum annuum 'Joe's Long Cayenne'	'乔的长卡宴'辣椒	20 000～50 000	意大利
		Capsicum annuum 'Jupiter'	'木星'辣椒	0	
		Capsicum annuum 'King Of The North'	'北国之王'辣椒	0	
		Capsicum annuum 'Korean Dark Green'	'韩国深绿'辣椒	1 000～5 000	韩国
		Capsicum annuum 'Krishna Jolokia'	'克利须那神'鬼椒		印度
		Capsicum annuum 'Large Red Antigua'	'安提瓜大红'辣椒	0	危地马拉
		Capsicum annuum 'Large Red Cherry'	'大红樱桃'辣椒	2 500～5 000	
		Capsicum annuum 'Leutschauer Paprika'	'勒沃卡'辣椒	0～1 000	

（续表）

种学名	种中文名	品　种　学　名	品 种 中 文 名	辣　度（SHU）	来源地
Capsicum annuum	辣椒	*Capsicum annuum* ‘Lilac Bell’	‘丁香铃’辣椒	0	
		Capsicum annuum ‘Lipstick’	‘口红’辣椒	0	
		Capsicum annuum ‘Little Elf’	‘小精灵’辣椒	20 000 ～ 30 000	匈牙利
		Capsicum annuum ‘Manganji’	‘满愿寺’辣椒	0	日本
		Capsicum annuum ‘Marbles’	‘大理石’辣椒		美国
		Capsicum annuum ‘Marconi Purple’	‘紫色马可尼’辣椒	0	意大利
		Capsicum annuum ‘Marta Polka’	‘玛塔波尔卡’辣椒	0	
		Capsicum annuum ‘Maule’s Red Hot’	‘莫尔红’辣椒	30 000 ～ 50 000	
		Capsicum annuum ‘Medusa’	‘美杜莎’辣椒	0 ～ 1 000	
		Capsicum annuum ‘Mehmet’s Sweet Turkish’	‘穆罕默德’辣椒	0	
		Capsicum annuum ‘Melrose’	‘梅尔罗斯’辣椒	0	
		Capsicum annuum ‘Midnight Dreams’	‘午夜梦’辣椒	0	
		Capsicum annuum ‘Miniature Chocolate Bell’	‘巧克力铃铛’辣椒	0	
		Capsicum annuum ‘Miniature Yellow Bell’	‘黄铃铛’辣椒	0	
		Capsicum annuum ‘Mira’	‘视力’辣椒	0	
		Capsicum annuum ‘Mirasol’	‘朝阳’辣椒	2 500 ～ 5 000	

（续表）

种学名	种中文名	品 种 学 名	品 种 中 文 名	辣 度（SHU）	来源地
Capsicum annuum	辣椒	*Capsicum annuum* ‘Moshi’	‘莫仕’辣椒	15 001 ～ 100 000	非洲
		Capsicum annuum ‘Mulato Isleno’	‘穆拉托伊斯莱诺’辣椒	1 000 ～ 1 500	
		Capsicum annuum ‘Numex Espanola’	‘埃斯帕诺拉’辣椒	1 500 ～ 2 000	美国
		Capsicum annuum ‘Numex Joe E. Parker’	‘乔・帕克’辣椒	800 ～ 1 000	美国
		Capsicum annuum ‘Numex Sandia’	‘桑迪亚’辣椒	≤ 7 000	美国
		Capsicum annuum ‘Numex Sunglow’	‘晚霞’辣椒		美国
		Capsicum annuum ‘Numex Twilight’	‘黎明’辣椒		美国
		Capsicum annuum ‘Oda’	‘欧达’辣椒	0	
		Capsicum annuum ‘Onza’	‘盎司’辣椒	5 000 ～ 30 000	墨西哥
		Capsicum annuum ‘Orange Bell’	‘橙色甜椒’辣椒	0	
		Capsicum annuum ‘Ostra-Cyklon’	‘急旋风’辣椒	1 000 ～ 5 000	
		Capsicum annuum ‘Ozark Giant’	‘巨型奥索卡’辣椒	0	
		Capsicum annuum ‘Odessa Market’	‘敖德萨市场’辣椒	0	
		Capsicum annuum ‘Paradicsom Alaku Sarga’	‘番茄形褶皱’辣椒	0	
		Capsicum annuum ‘Pasilla Bajio’	‘葡萄干’辣椒	250 ～ 3 999	墨西哥
		Capsicum annuum ‘Patio Fire’	‘天井火’辣椒	≤ 70 000	

（续表）

种学名	种中文名	品　种　学　名	品 种 中 文 名	辣 度（SHU）	来源地
Capsicum annuum	辣椒	*Capsicum annuum* ‘F_1 Redskin pepper’	‘F_1红肤’辣椒	0	
		Capsicum annuum ‘Peter Orange’	‘橙色彼得’辣椒	5 000 ～ 30 000	
		Capsicum annuum ‘Peperone di Cuneo’	‘库内奥’辣椒	0	
		Capsicum annuum ‘Pequin’	‘皮坎’辣椒	100 000 ～ 140 000	
		Capsicum annuum ‘Peter Yellow’	黄色彼得椒	5 000 ～ 30 000	
		Capsicum annuum ‘Pimiento de Padron’	‘帕德龙’辣椒	5 000	
		Capsicum annuum ‘Pimiento Largo de Reus’	‘雷乌斯’辣椒		
		Capsicum annuum ‘Poblano’	‘巴布兰诺’辣椒	1 000 ～ 2 000	墨西哥
		Capsicum annuum ‘Poinsettia’	‘圣诞红’辣椒	1 300 ～ 2 500	
		Capsicum annuum ‘Polostra-Rokita’	‘保罗’辣椒	30 000 ～ 50 000	
		Capsicum annuum ‘Pretty in Purple’	‘俏紫’辣椒	8 000	
		Capsicum annuum ‘Purple Beauty’	‘紫美人’辣椒	0	
		Capsicum annuum ‘Purple Jalapeno’	‘紫尖’辣椒	2 500 ～ 8 000	墨西哥
		Capsicum annuum ‘Quadrato D’Asti Giallo’	‘阿斯蒂黄’辣椒	0	
		Capsicum annuum ‘Quadrato D’Asti Rosso’	‘阿斯蒂红’辣椒	0	
		Capsicum annuum ‘Red Belgian’	‘红色比利时’辣椒	0	
		Capsicum annuum ‘Red Cheese’	‘红芝士’辣椒	0	

（续表）

种学名	种中文名	品 种 学 名	品 种 中 文 名	辣 度(SHU)	来源地
Capsicum annuum	辣椒	*Capsicum annuum* 'Red Cherry'	'红樱桃' 辣椒	5 000 ～ 15 000	
		Capsicum annuum 'Red Marconi'	'红色马克尼' 辣椒	0	
		Capsicum annuum 'Red Mini'	'红色铃铛' 辣椒	0	
		Capsicum annuum 'Red Rocket'	'红色火箭' 辣椒		
		Capsicum annuum 'Rezha Macedonian'	'红色马其顿' 辣椒	1 000	马其顿共和国
		Capsicum annuum 'Royal Black'	'黑皇家' 辣椒	5 000 ～ 30 000	
		Capsicum annuum 'Santa Fe Grande'	'圣达菲' 辣椒	5 000 ～ 30 000	美国
		Capsicum annuum 'Santaka'	'桑塔卡' 辣椒	40 000 ～ 50 000	日本
		Capsicum annuum 'Scorpion F1'	'蝎子F1' 辣椒		泰国
		Capsicum annuum 'Serrano'	'大山' 辣椒	8 000 ～ 22 000	墨西哥
		Capsicum annuum 'Serrano Huasteco'	'大山' 辣椒	10 000 ～ 23 000	
		Capsicum annuum 'Serrano Purple'	'紫山' 辣椒	8 000 ～ 22 000	墨西哥
		Capsicum annuum 'Sheepnose Pimento'	'羊鼻' 辣椒	0	
		Capsicum annuum 'Socrates'	'苏格拉底' 辣椒	0	
		Capsicum annuum 'Sport'	'运动' 辣椒	15 000 ～ 20 000	美国
		Capsicum annuum 'Syrian Goat Horn'	'叙利亚山羊角' 辣椒	1 000 ～ 5 000	

（续表）

种学名	种中文名	品 种 学 名	品 种 中 文 名	辣 度（SHU）	来源地
Capsicum annuum	辣椒	*Capsicum annuum* ‘Syrian Three Sided’	‘叙利亚三棱’辣椒		
		Capsicum annuum ‘Tam Jalapeno’	‘塔姆’辣椒	1 000 ～ 15 00	美国
		Capsicum annuum ‘Tepin’	‘特匹’辣椒	50 000 ～ 100 000	
		Capsicum annuum ‘Thai Red’	‘泰国红’辣椒	50 000 ～ 100 000	
		Capsicum annuum ‘Tinkerbell’	‘小可爱’辣椒	0 ～ 100	
		Capsicum annuum ‘Topepo Rosso’	‘红番茄’辣椒	0	
		Capsicum annuum ‘Tunisian Baklouti’	‘突尼斯巴克洛地’辣椒	1 000 ～ 5 000	突尼斯
		Capsicum annuum ‘Turkish’	‘土耳其’辣椒		
		Capsicum annuum ‘Variegata’	‘羊蹄甲’辣椒	≤ 50 000	
		Capsicum annuum ‘Weaver’s Mennonite’	‘韦弗门诺’辣椒		
		Capsicum annuum ‘White Cloud’	‘白云’辣椒	0	
		Capsicum annuum ‘White Lakes’	‘白湖’辣椒	0	
		Capsicum annuum ‘Xanthi City Red’	‘红色克桑西’辣椒	5 000 ～ 10 000	希腊
		Capsicum annuum ‘Yatsufusa’	‘西方大楼’辣椒	40 000 ～ 75 000	
		Capsicum annuum ‘Yellow Hinkelhatz’	‘黄色鸡心’辣椒	5 000 ～ 30 000	美国
		Capsicum annuum ‘Yellow Monster’	‘黄色怪物’辣椒	0	
		Capsicum annuum ‘Numex Twillight’	‘暮光之城’辣椒	0	

（续表）

种学名	种中文名	品种学名	品种中文名	辣度(SHU)	来源地
Capsicum annuum	辣椒	*Capsicum annuum* ‘Sweet Pickle’	‘甜酸味’辣椒	0	美国
		Capsicum annuum ‘De Árbol’	‘迪阿波’辣椒	15 000 ～ 30 000	
		Capsicum annuum ‘NUMEX Big Jim’	‘大吉姆’辣 椒	0	
		Capsicum annuum ‘Color Cherry’	彩樱辣椒		
		Capsicum annuum ‘White Star’	‘白星2号’辣椒	0	
		Capsicum annuum ‘Color Beauty’	杂交五彩美人椒		
		Capsicum annuum ‘Purple Hand’	紫佛手辣椒		
		Capsicum annuum ‘Red Chili’	红辣椒		
		Capsicum annuum ‘Mini’	‘迷你’辣椒		
		Capsicum annuum ‘Yellow’	‘黄色’辣椒		
		Capsicum annuum ‘Little Purple’	‘小紫’辣椒		
		Capsicum annuum ‘White Chili’	白色朝天辣椒		
Capsicum baccatum	浆果状辣椒	*Capsicum baccatum* ‘Aji Cito’	‘奇托阿希’辣椒	≤ 100 000	智利
		Capsicum baccatum ‘Aji Crystal’	‘水晶阿希’辣椒	30 000	
		Capsicum baccatum ‘Aji Escabeche’	‘盐渍’辣椒	17 000	
		Capsicum baccatum ‘Aji Fantasy’	‘幻想’辣椒	50 000	
		Capsicum baccatum ‘Aji Fantasy white’	‘白色幻想’辣椒	50 000	

（续表）

种学名	种中文名	品　种　学　名	品　种　中　文　名	辣　度（SHU）	来源地
Capsicum baccatum	浆果状辣椒	*Capsicum baccatum* ‘Aji Guyana’	‘圭亚那阿希’辣椒	250 000	
		Capsicum baccatum ‘Aji Omnicolor’	‘色彩阿希’辣椒	30 000 ～ 50 000	秘鲁
		Capsicum baccatum ‘Aji Red’	‘红色阿希’辣椒	30 000 ～ 50 000	秘鲁
		Capsicum baccatum ‘Aji Verde’	‘佛得角阿希’辣椒		秘鲁
		Capsicum baccatum ‘Ajvarski’	‘阿瓦夫斯基’辣椒	0	
		Capsicum baccatum ‘Bird Aji’	‘鸟阿希’辣椒		
		Capsicum baccatum ‘Bishop’s Crown’	风铃辣椒		
		Capsicum baccatum ‘Brazilian Starfish’	‘巴西海星’辣椒	30 000 ～ 50 000	古秘鲁
		Capsicum baccatum ‘Ethiopian Peppertree’	‘埃塞俄比亚辣椒树’辣椒	10 000	美国
		Capsicum baccatum ‘Lemon Drop’	‘柠檬滴’风铃辣椒	15 000 ～ 30 000	秘鲁
		Capsicum baccatum ‘Naranga’	‘纳兰加’辣椒		
		Capsicum baccatum ‘Orange Starfish’	‘橙色海星’辣椒		
		Capsicum baccatum ‘Peach Fantasy’	‘桃红色幻想’辣椒		
		Capsicum baccatum ‘Peruvian Pointer’	‘秘鲁指针’辣椒	20 000 ～ 30 000	
		Capsicum baccatum ‘Sugar Rush Orange’	‘橙色糖果大战’辣椒		秘鲁
		Capsicum baccatum ‘Trepadeira Werner’	‘维尔纳葡萄’辣椒		

（续表）

种学名	种中文名	品种学名	品种中文名	辣度(SHU)	来源地
Capsicum baccatum	浆果状辣椒	*Capsicum baccatum* ‘Yellow Starfish’	‘黄色海星’辣椒		
		Capsicum baccatum ‘Earbob’	‘耳环’辣椒		
		Capsicum baccatum ‘El Oro De Ecuador’	‘黄色厄瓜多尔’辣椒	30 000	厄瓜多尔
Capsicum chinense	黄灯笼辣椒	*Capsicum chinense* ‘Clavo’	‘钉子’辣椒		
		Capsicum annuum ‘Cheiro Recife’	‘闻礁’辣椒	1～1 000	
		Capsicum chinense ‘Congo Yellow’	‘黄色刚果’辣椒		
		Capsicum chinense ‘Fatalii Gourmet Jigsaw’	‘美味拼图法塔莉’辣椒	800 000～1 000 000	
		Capsicum chinense ‘7 Pod Barrackpore’	‘7锅巴勒克波尔’辣椒	800 000～1 000 000	
		Capsicum chinense ‘7 Pod Brain Strain’	‘7锅大脑纹理’辣椒	1 000 000～1 350 000	特立尼达
		Capsicum chinense ‘7 Pod Brain Strain Yellow’	‘黄色7锅大脑纹理’辣椒	1 330 000	
		Capsicum chinense ‘7 Pod Brown’	‘7锅棕色’辣椒	800 000～1 000 000	
		Capsicum chinense ‘7 Pod Bubblegum’	‘7锅泡泡糖’辣椒	800 000～1 000 000	
		Capsicum chinense ‘7 Pod Burgundy’	‘7锅勃艮第’辣椒	800 000～1 000 000	
		Capsicum chinense ‘7 Pod Caramel’	‘7锅焦糖’辣椒	800 000～1 000 000	
		Capsicum chinense ‘7 Pod Chaguanas’	‘7锅小镇’辣椒	800 000～1 000 000	泰国
		Capsicum chinense ‘7 Pod Douglah’	‘7锅杜格拉’辣椒	1 853 936	

（续表）

种学名	种中文名	品 种 学 名	品 种 中 文 名	辣 度（SHU）	来源地
Capsicum chinense	黄灯笼辣椒	*Capsicum chinense* '7 Pod Jigsaw'	'7锅拼图' 辣椒	≤ 2 000 000	
		Capsicum chinense '7 Pod Orange'	'橙色7锅' 辣椒	800 000 ～ 1 000 000	
		Capsicum chinense '7 Pod Peach'	'桃红色7锅' 辣椒	800 000 ～ 1 000 000	
		Capsicum chinense '7 Pod Primo'	'7锅卓越' 辣椒	≤ 1 469 000	
		Capsicum chinense '7 Pod Primo Yellow'	'黄色7锅卓越' 辣椒	≤ 1 469 000	
		Capsicum chinense '7 Pod Rennie'	'7锅雷尼' 辣椒	800 000 ～ 1 000 000	
		Capsicum chinense '7 Pod White'	'白色7锅' 辣椒	800 000 ～ 1 000 000	泰国
		Capsicum chinense '7 Pod Yellow'	'黄色7锅' 辣椒	800 000 ～ 1 000 000	
		Capsicum chinense '7 Pot Congo SR Gigantic Red'	'7锅刚果SR巨型红' 辣椒	800 000 ～ 1 000 000	泰国
		Capsicum chinense 'Aji Charapita'	'卡拉比阿希' 辣椒	30 000 ～ 50 000	秘鲁
		Capsicum chinense 'Aji Chombo'	'阿希工具' 辣椒		
		Capsicum chinense 'Aji Dulce'	'甜美阿希' 辣椒	≤ 1 000	
		Capsicum chinense 'Bhut Jolokia'	印度鬼椒	1 041 400	印度
		Capsicum chinense 'Bhut Jolokia Chocolate'	巧克力色印度鬼椒	800 000 ～ 1 001 300	
		Capsicum chinense 'Bhut Jolokia Green'	绿色印度鬼椒	800 000 ～ 1 001 300	
		Capsicum chinense 'Bhut Jolokia Mustard'	芥末色印度鬼椒	800 000 ～ 1 001 300	

（续表）

种学名	种中文名	品种学名	品种中文名	辣度(SHU)	来源地
Capsicum chinense	黄灯笼辣椒	*Capsicum chinense* 'Bhut Jolokia Orange'	橙色印度鬼椒	800 000 ～ 1 001 300	
		Capsicum chinense 'Bhut Jolokia Peach'	桃红色印度鬼椒		
		Capsicum chinense 'Bhut Jolokia Purple'	紫色印度鬼椒		
		Capsicum chinense 'Bhut Jolokia White'	白色印度鬼椒		
		Capsicum chinense 'Bhut Jolokia Yellow'	黄色印度鬼椒	800 000 ～ 1 001 300	
		Capsicum chinense 'Bhutlah Chocolate'	'巧克力鬼拉赫'辣椒	≤ 2 000 000	
		Capsicum chinense 'Big Black Mama'	'黑大妈'辣椒	≤ 1 000 000	
		Capsicum chinense 'Biquinho'	'噘嘴'辣椒	1 000	巴西
		Capsicum chinense 'Burkina Yellow'	'黄色布基纳法索'辣椒	100 000 ～ 325 000	布基纳法索
		Capsicum chinense 'Cabaca Roxa'	'卡巴卡紫色'辣椒	60 000 ～ 80 000	
		Capsicum chinense 'Carolina Reaper'	'卡罗莱纳死神'辣椒	≤ 2 200 000	特立尼达
		Capsicum chinense 'Carolina Reaper Chocolate'	'巧克力卡罗莱纳死神'辣椒	≤ 2 200 000	
		Capsicum chinense 'Carolina Reaper Yellow'	'黄色卡罗莱纳死神'辣椒	≤ 2 200 000	
		Capsicum chinense 'Cheiro Roxa'	'闻紫'辣椒	60 000 ～ 80 000	巴西
		Capsicum chinense 'Chocolate Bhut Jolokia'	巧克力印度鬼椒	800 000 ～ 1 001 300	
		Capsicum chinense 'Chocolate Habanero'	'巧克力哈瓦那'辣椒	425 000	

（续表）

种学名	种中文名	品　种　学　名	品 种 中 文 名	辣　度（SHU）	来源地
Capsicum chinense	黄灯笼辣椒	*Capsicum chinense* ‘Datil’	‘达蒂尔’ 辣椒	150 000	美国
		Capsicum chinense ‘Death Strain’	‘致命品种’ 辣椒	3 000 000	
		Capsicum chinense ‘Devil’s Tongue White’	‘白色恶魔之舌’ 辣椒	125 000 ～ 325 000	
		Capsicum chinense ‘Dragon’s Breath’	‘龙之气息’ 辣椒	2 480 000	
		Capsicum chinense ‘Fatalii’	‘法塔莉’ 辣椒	125 000 ～ 325 000	非洲
		Capsicum chinense ‘Fatalii Chocolate’	‘巧克力法塔莉’ 辣椒	125 000 ～ 325 000	
		Capsicum chinense ‘Fatalii Green’	‘绿色法塔莉’ 辣椒	125 000 ～ 325 000	
		Capsicum chinense ‘Fidalgo Roxa’	‘菲达尔戈紫’ 辣椒	30 000 ～ 50 000	
		Capsicum chinense ‘Habanada’	‘哈巴纳达’ 辣椒	0	
		Capsicum chinense ‘Habanero Burning Bush’	‘发热灌木哈瓦那’ 辣椒	15 000 ～ 20 000	
		Capsicum chinense ‘Habanero Caribbean Red’	‘加勒比红色哈瓦那’ 辣椒	100 000 ～ 350 000	
		Capsicum chinense ‘Habanero Magnum Orange’	‘橙色马格南哈瓦那’ 辣椒	150 000 ～ 325 000	
		Capsicum chinense ‘Habanero Orange’	‘橙色哈瓦那’ 辣椒		
		Capsicum chinense ‘Habanero Red Savina’	‘红色沙维那亚伯内洛’ 辣椒	≤ 577 000	

（续表）

种学名	种中文名	品种学名	品种中文名	辣度(SHU)	来源地
Capsicum chinense	黄灯笼辣椒	*Capsicum chinense* 'Habanero Super F1'	'超人F1哈瓦那'辣椒	150 000 ～ 325 000	
		Capsicum chinense 'Habanero White'	'白色哈瓦那'辣椒	150 000 ～ 325 000	
		Capsicum chinense 'Infinity'	'无限'辣椒	≤ 1 257 468	
		Capsicum chinense 'Infinity 7 pod'	'无限7锅'辣椒	1 067 286 ～ 1 250 000	
		Capsicum chinense 'Jamaican Chocolate'	'巧克力牙买加'辣椒	100 000 ～ 200 000	
		Capsicum chinense 'Jamaican Yellow'	'黄色牙买加'辣椒	100 000 ～ 200 000	
		Capsicum chinense 'Jay's Ghost Scorpion'	'杰的鬼蝎'辣椒	700 000 ～ 800 000	
		Capsicum chinense 'Komodo Dragon'	'科莫多龙'辣椒	1 400 000 ～ 2 200 000	英国
		Capsicum chinense 'Lightning Mix'	'闪电混色'辣椒	1 000 ～ 5 000	美国
		Capsicum chinense 'Monster Naga'	'娜迦怪物'辣椒	≤ 1 000 000	
		Capsicum chinense 'Murupi Amarela'	'穆鲁比黄'辣椒	≤ 100 000	巴西
		Capsicum chinense 'Mustard Habanero'	'芥末哈瓦那'辣椒	200 000 ～ 300 000	
		Capsicum chinense 'Mustard Trinidad Scorpion'	'芥末黄'特立尼达蝎子椒		
		Capsicum chinense 'Naga Black'	'黑色娜迦'辣椒	700 000 ～ 800 000	
		Capsicum chinense 'Naga Morich'	'娜迦莫里奇'辣椒	1 000 000 ～ 1 598 227	孟加拉国
		Capsicum chinense 'Naga Viper'	'娜迦毒蛇'辣椒	≤ 1 382 118	

（续表）

种学名	种中文名	品　种　学　名	品　种　中　文　名	辣　度（SHU）	来源地
Capsicum chinense	黄灯笼辣椒	*Capsicum chinense* 'Nagabrain Chocolate'	'巧克力娜迦大脑'辣椒	≤1 598 227	
		Capsicum chinense 'Peach Habanero'	'桃红色哈瓦那'辣椒		
		Capsicum chinense 'Pimenta da Neyde'	'内德'辣椒	250 000	
		Capsicum chinense 'Pimenta Diomar'	'狄马尔'辣椒	100 000～350 000	
		Capsicum chinense 'Pink Habanero'	'桃红色哈瓦那'辣椒		
		Capsicum chinense 'Pink Tiger'	'粉老虎'辣椒	150 000～325 000	
		Capsicum chinense 'Pepper X'	X辣椒	3 180 000	
		Capsicum chinense 'Purple Cream'	'紫奶油'辣椒	150 000～325 000	
		Capsicum chinense 'Raja Mirch'	'罗杰玛驰'辣椒	800 000～900 000	
		Capsicum chinense 'Red Cap Mushroom'	'红色蘑菇头'辣椒	30 000～50 000	
		Capsicum chinense '7 Pot'	'7锅'辣椒	800 000～1 000 000	
		Capsicum chinense 'Scotch Bonnet (Tobago Yellow)'	'苏格兰黄帽'辣椒	150 000～325 000	牙买加
		Capsicum chinense 'Scotch Bonnet Jamaican Long'	'长牙买加苏格兰帽'辣椒	80 000～400 000	
		Capsicum chinense 'Scotch Bonnet Red'	'苏格兰红帽'辣椒	80 000～400 000	
		Capsicum chinense '7 Pot Primo'	'满愿寺'辣椒	≤1 469 000	
		Capsicum chinense 'Sunrise Scorpion'	'日出蝎子'辣椒	700 000～800 000	

（续表）

种学名	种中文名	品种学名	品种中文名	辣度(SHU)	来源地
Capsicum chinense	黄灯笼辣椒	*Capsicum chinense* 'Tobago Seasoning'	'多巴哥调味品'辣椒	500	
		Capsicum chinense 'Trinidad Beans'	'特立尼达豆'辣椒	150 000 ～ 325 000	泰国
		Capsicum chinense 'Trinidad Moruga Scorpion Caramel'	'焦糖色千里达莫鲁加蝎子'辣椒	≤2 009 231	
		Capsicum chinense 'Trinidad Moruga Scorpion Chocolate'	'巧克力色千里达莫鲁加蝎子'辣椒	≤2 009 231	
		Capsicum chinense 'Trinidad Moruga Scorpion'	'千里达莫鲁加蝎子'辣椒	2 009 231	
		Capsicum chinense 'Trinidad Moruga Scorpion Yellow'	'黄色千里达莫鲁加蝎子'辣椒	≤2 009 231	
		Capsicum chinense 'Trinidad Perfume'	'特立尼达香水'辣椒	0 ～ 500	
		Capsicum chinense 'Trinidad Scorpion'	特立尼达蝎子椒	1 463 700	特立尼达
		Capsicum chinense 'Trinidad Scorpion Butch T'	'壮士T'特立尼达蝎子椒	≤1 463 700	
		Capsicum chinense 'Trinidad Scorpion Chocolate'	'巧克力色'特立尼达蝎子椒	2 000 000	
		Capsicum chinense 'Trinidad Scorpion Orange'	'橙色'特立尼达蝎子椒	800 000 ～ 1 000 000	
		Capsicum chinense 'Trinidad Scorpion Peach'	'桃红色'特立尼达蝎子椒	800 000 ～ 1 000 000	

（续表）

种学名	种中文名	品种学名	品种中文名	辣度（SHU）	来源地
Capsicum chinense	黄灯笼辣椒	*Capsicum chinense* ‘Trinidad Scorpion Yellow’	‘黄色’特立尼达蝎子椒	800 000 ～ 1 000 000	
		Capsicum chinense ‘Tshololo’	‘沙罗’辣椒	80 000 ～ 120 000	巴西
		Capsicum chinense ‘Fatalii White’	‘白色恶魔’辣椒	125 000 ～ 400 000	
		Capsicum chinense ‘White Habanero’	‘白色哈瓦那’辣椒	100 000 ～ 350 000	秘鲁
		Capsicum chinense ‘Yellow Carolina Reaper’	‘黄色卡罗莱纳死神’辣椒		
		Capsicum chinense ‘Yellow Trinidad Moruga Scorpion’	‘黄蝎子’辣椒	6 000 000	
		Capsicum chinense ‘Zavory Habanero’	‘栏栅哈瓦那’辣椒	100	古巴
		Capsicum chinense ‘Naglah Beast’	‘纳格拉野兽’辣椒	≤1 200 000	
Capsicum flexuosum	皱冠辣椒				
Capsicum frutescens	灌木状辣椒	*Capsicum frutescens* ‘Malawi Bird’s Eye’	马拉维鸟眼椒	200 000 ～ 300 000	马拉维
		Capsicum frutescens ‘Cabai Burung Ungu’	‘京紫鸟’辣椒		
		Capsicum frutescens ‘Ekirike’	‘艾克瑞可’辣椒	0	
		Capsicum frutescens ‘Hawaiian’	‘夏威夷’辣椒	≤30 000	夏威夷
		Capsicum frutescens ‘Wild Lombok’	‘龙目岛’辣椒	≤30 000	

（续表）

种学名	种中文名	品种学名	品种中文名	辣度(SHU)	来源地
Capsicum frutescens	灌木状辣椒	*Capsicum frutescens* 'African Bird's Eye'	'非洲鸟眼'辣椒	100 000 ～ 225 000	
		Capsicum frutescens 'Aribibi Gusanito'	'阿里比褶皱'辣椒	50 000 ～ 80 000	
		Capsicum frutescens 'Bird Eye Demon'	'恶魔鸟眼'辣椒	50 000 ～ 100 000	
		Capsicum frutescens 'Japones'	'日本'辣椒	15 000 ～ 35 000	
		Capsicum frutescens 'Prik Kee Noo Suan'	'老鼠屎'辣椒	≤ 70 000	泰国
		Capsicum frutescens 'Short Yellow Tabasco'	'黄色矮生塔巴斯科'辣椒	5 000 ～ 30 000	
		Capsicum frutescens 'Tabasco'	'塔巴斯科'辣椒	30 000 ～ 70 000	墨西哥
		Capsicum frutescens 'Vietnamese Tearjerker'	'越南戏剧'辣椒		越南
		Capsicum frutescens 'Zimbabwe Bird'	'津巴布韦鸟'辣椒	5 000 ～ 30 000	津巴布韦
		Capsicum frutescens 'Cabai Keriting'	'蜷曲'辣椒	5 000 ～ 30 000	印度
		Capsicum frutescens 'Piri piri'	'皮里皮里'辣椒		
Capsicum galapagoense	加拉帕戈斯辣椒	*Capsicum galapagoense*			
Capsicum Lanceolatum	紫裙椒	*Capsicum Lanceolatum*			

（续表）

种学名	种中文名	品 种 学 名	品 种 中 文 名	辣 度（SHU）	来源地
Capsicum pubescens	绒毛辣椒	*Capsicum pubescens* ‘Caballo’	‘卡巴洛’辣椒	6 000 ～ 40 000	
		Capsicum pubescens ‘Rocoto’	‘罗佐’辣椒	30 000 ～ 50 000	秘鲁
		Capsicum pubescens ‘Rocoto Desert Peach’	‘桃红色沙漠罗佐’辣椒		
Capsicum pubescens	绒毛辣椒	*Capsicum pubescens* ‘Rocoto Orange’	‘橙色罗佐’辣椒	30 000 ～ 50 000	秘鲁
		Capsicum pubescens ‘Rocoto Yellow’	‘黄色罗佐’辣椒	30 000 ～ 50 000	秘鲁
		Capsicum pubescens ‘Rocoto Riesen Yellow’	‘巨人黄色罗佐’辣椒	30 000 ～ 100 000	秘鲁
Capsicum tovarii	多花辣椒	*Capsicum tovarii*			

注：辣度数据空白处，表示该品种无权威辣度测定结果，并不代表辣度为“0”；来源地空白表示该品种来源地尚不明确。“品种学名”中的Numex表示这个辣椒品种是由新墨西哥大学农业中心（The Agriculture Experimentation Station of New Mexico State University）育种的。